トクとトクイになる！ 小学ハイレベルワーク
2年 算数 もくじ

JN085525

✦特別ふろく✦
1 📖 巻末ふろく　しあげのテスト
2 📱 WEBふろく　WEBでもっと解説
3 💻 WEBふろく　自動採点CBT

WEB CBT（Computer Based Testing）の利用方法
コンピュータを使用したテストです。パソコンで下記 WEB サイトへアクセスして，アクセスコードを入力してください。スマートフォンでのご利用はできません。

アクセスコード／Bmbbbb64
https://b-cbt.bunri.jp

この本の特長と使い方

この本の構成

標準レベル ＋

実力を身につけるためのステージです。
教科書で学習する，必ず解けるようにしておきたい標準問題を厳選して，見開きページでまとめています。
例題でそれぞれの代表的な問題に対する解き方を確認してから，演習することができます。
学習事項を体系的に扱っているので，単元ごとに，解けない問題がないかを確認することができるほか，先取り学習にも利用することができます。

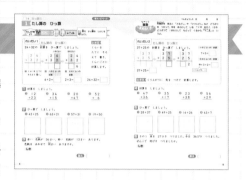

ハイレベル ＋＋

応用力を養うためのステージです。
「算数の確かな実力を身につけたい！」という意欲のあるお子様のために，ハイレベルで多彩な問題を収録したページです。見開きで１つの単元がまとまっているので，解きたいページから無理なく進めることができます。教科書レベルを大きくこえた難しすぎる問題は出題しないように配慮がなされているので，無理なく取り組むことができます。各見開きの最後にある「できたらスゴイ！」にもチャレンジしてみましょう！

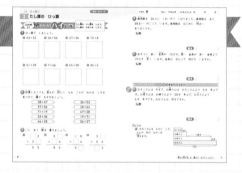

思考力育成問題

知識そのものでなく，知識をどのように活用すればよいのかを考えるステージです。
見たことのないような素材や，算数と日常生活が関連している素材を扱っているので，考える力を養う土台を形づくることができます。肩ひじを張らず，楽しみながら取り組んでみましょう。
それぞれの問題に，以下のマークのいずれかが付いています。

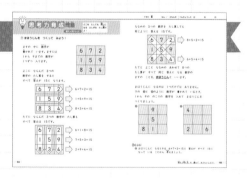

?…思考力を問う問題　　　✎…表現力を問う問題　　　?✎…判断力を問う問題

とりはずし式 答えと考え方

ていねいな解説で，解き方や考え方をしっかりと理解することができます。
まちがえた問題は，時間をおいてから，もう一度チャレンジしてみましょう。

『トクとトクイになる！ 小学ハイレベルワーク』は，教科書レベルの問題ではもの足りない，難しい問題にチャレンジしたいという方を対象としたシリーズです。段階別の構成で，無理なく力をのばすことができます。問題にじっくりと取り組むという経験によって，知識や問題に取り組む力だけでなく，「考える力」「判断する力」「表現する力」の基礎も身につき，今後の学習をスムーズにします。

おもなマークやコーナー

 マーク

「ハイレベル」の問題の一部に付いています。複数の要素を扱う内容や，複雑な設定が書かれた文章題などの，応用的な問題を表しています。自力で解くことができれば，相当の実力がついているといえるでしょう。ぜひチャレンジしてみましょう。

 ものしり算数まめちしき

「標準レベル」の見開きそれぞれについている，算数にまつわる楽しいこぼれ話のコーナーです。勉強のちょっとした息抜きとして，読んでみましょう。

役立つふろくで，レベルアップ！

❶ トクとトクイに！ しあげのテスト

この本で学習した内容が確認できる，まとめのテストです。学習内容がどれくらい身についたか，力を試してみましょう。

❷ さらに深めよう！ WEBでもっと解説

読むだけで勉強になる，WEB掲載の追加の解説です。
問題を解いたあとで，あわせて確認しましょう。
右のQRコードからアクセスしてください。

❸ 一歩先のテストに挑戦！ 自動採点CBT

コンピュータを使用したテストを体験することができます。専用サイトにアクセスして，テスト問題を解くと，自動採点によって得意なところ（分野）と苦手なところ（分野）がわかる成績表が出ます。

「CBT」とは？

「Computer Based Testing」の略称で，コンピュータを使用した試験方式のことです。
受験，採点，結果のすべてがコンピュータ上で行われます。
専用サイトにログイン後，もくじに記載されているアクセスコードを入力してください。

https://b-cbt.bunri.jp

※本サービスは無料ですが，別途各通信会社からの通信料がかかります。
※推奨動作環境：画角サイズ 10インチ以上 横画面
　[PCのOS] Windows10以降 [タブレットのOS] iOS14以降
　[ブラウザ] Google Chrome（最新版） Edge（最新版） safari（最新版）
※お客様の端末およびインターネット環境によりご利用いただけない場合，当社は責任を負いかねます。
※本サービスは事前の予告なく，変更になる場合があります。ご理解，ご了承いただきますよう，お願いいたします。

1 たし算の ひっ算

たしかめ よう ★★★★ 標準レベル

たし算の ひっ算の しかたを
考えよう。

れいだい1 たし算の ひっ算(1)

24＋32の 計算を ひっ算で しましょう。

とき方

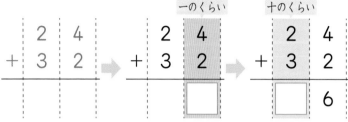

くらいを
たてに そろ
えて 書き,
くらいごとに
計算します。

1 くらいを たてに そろえて 書く。

2 一のくらいの 計算

3 十のくらいの 計算

$4+2=\boxed{}$

$2+3=\boxed{}$

$24+32=\boxed{}$

---

1 計算を しましょう。

① 　１２
　＋２３

② 　３４
　＋１５

③ 　２０
　＋４７

④ 　５２
　＋　６

---

2 ひっ算で しましょう。

① 42＋25

② 63＋21

③ 57＋31

④ 19＋50

---

3 赤い 色紙が 36まい, 青い 色紙が 13まい あります。
色紙は あわせて 何まい ありますか。

しき

答え（　　　　　　　　　）

算数 まめちしき

年賀状を 見ると 「さるどし」や 「ひつじどし」など どうぶつを つかって, 年を あらわして いる ことが あるよ。12の どうぶつで 1まわりして もどって くるから,「十二支」と いうよ。

れいだい2 たし算の ひっ算(2)

37+25の 計算を ひっ算で しましょう。

```
  3 7          3 7          3 7
+ 2 5    →   + 2 5    →   + 2 5
             ─────        ─────
               [ ]            2
```

一のくらいの 計算

7+5= [　]

十のくらいの 計算

❶+3+2= [　]

くり上げた 1

37+25= [　　]

とき方 くり上がりに 気を つけて 計算します。

---

4 計算を しましょう。

❶　　47
　　+36

❷　　35
　　+17

❸　　23
　　+38

❹　　56
　　+29

5 ひっ算で しましょう。

❶ 28+37　　❷ 49+25　　❸ 14+26　　❹ 43+7

6 きのう 魚を 27ひき つりました。今日 36ぴき つりました。ぜんぶで 何びき つりましたか。

しき

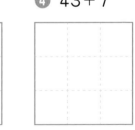

答え（　　　　　　　　　）

答え▶2ページ

1 たし算の　ひっ算

ふかめよう　★★★ ハイ レベル

たし算の　ひっ算を　しよう。
たし算の　きまりを　しろう。

1 ひっ算で　しましょう。

① 43＋22　　② 34＋56　　③ 27＋36　　④ 72＋8

⑤ 51＋39　　⑥ 7＋46　　⑦ 65＋28　　⑧ 86＋6

2 計算しなくても，答えが　同じに　なる　ことが　わかる　しきを
見つけて，線で　むすびましょう。

38＋47 ・	・ 36＋53
27＋56 ・	・ 28＋64
71＋19 ・	・ 47＋38
53＋36 ・	・ 19＋71
64＋28 ・	・ 56＋27

3 □に　あう　数を　書きましょう。

①
```
    □ 2
+   2 □
―――――
  5 5
```

②
```
  5 □
+ □ 6
―――――
  8 4
```

③
```
  1 8
+ □ 4
―――――
  5 □
```

④
```
  3 □
+ 5 6
―――――
  □ 3
```

4 画用紙を　26人に　1まいずつ　くばりました。画用紙は　あと
38まい　のこって　います。画用紙は　はじめに　何まい
ありましたか。

しき

答え（　　　　　　　　）

5 水そうに　赤い　金魚が　15ひき，黒い　金魚が　赤い　金魚より
19ひき　多く　います。金魚は　ぜんぶで　何びき　いますか。

しき

答え（　　　　　　　　）

✦✦✦ **できたらスゴイ！**

6 ひろこさんは　9才で，お姉さんは　ひろこさんより　5才　年上で
す。お母さんは　お姉さんより　28才　年上で，お父さんより
6才　年下です。お父さんは　何才ですか。

しき

答え（　　　　　　　　）

！ヒント
　6　ひろこさんを　もとに　して，
　　4人の　年の　ちがいを
　　考えます。

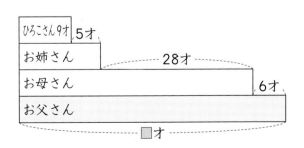

2 ひき算の ひっ算

たしかめよう ✦✦✦ 標準レベル

ひき算の ひっ算の しかたを 考えよう。

れいだい1 ひき算の ひっ算(1) **とき方**

38-25の 計算を ひっ算で しましょう。

くらいを たてに そろえて 書き, くらいごとに 計算します。

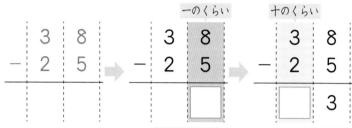

一のくらい　十のくらい

1 くらいを たてに そろえて 書く。
2 一のくらいの 計算
3 十のくらいの 計算

8-5=□　　3-2=□　　38-25=□

1 計算を しましょう。

① 59 −36　② 45 −13　③ 98 −42　④ 76 −65

2 ひっ算で しましょう。

① 37−25　② 53−31　③ 66−46　④ 89−50

3 みきさんは カードを 67まい もって います。妹に 24まい あげました。カードは 何まい のこって いますか。

しき

答え（　　　　　）

算数　ものしり　まめちしき

年だけで　なく，月や　時間も，十二支を　使って　あらわされる
ことが　あるよ。お昼の　12時を　あらわす　「正午」の　「午」は
十二支の　7番目の　「うま」を　あらわすよ。

れいだい2　ひき算の　ひっ算(2)

35−18の　計算を　ひっ算で　しましょう。

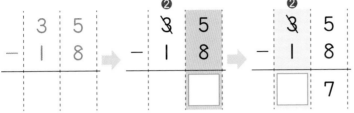

一のくらいの　計算

15−8 = ☐

十のくらいの　計算

1　くり下げたので ❷

❷−1 = ☐

35−18 = ☐

とき方　くり下がりに　気を　つけて　計算します。

---

4 計算を　しましょう。

① 52
  −26

② 37
  −19

③ 80
  −45

④ 70
  − 7

5 ひっ算で　しましょう。

① 38−19

② 74−25

③ 46−29

④ 64−55

6 みかんが　45こ　あって，りんごより　19こ　多いそうです。
りんごは　何こ　ありますか。

しき

答え (　　　　　　　　　)

2 ひき算の ひっ算

ひき算の ひっ算を しよう。
ひき算の きまりを しろう。

1 ひっ算で しましょう。

❶ 74−56　❷ 52−27　❸ 43−18　❹ 91−83

❺ 66−39　❻ 85−26　❼ 30−18　❽ 73−6

2 ひき算の 答えの たしかめに なる たし算の しきは どれですか。線で むすびましょう。

48−29 ・	・ 22+64
51−36 ・	・ 19+29
71−19 ・	・ 27+36
63−36 ・	・ 52+19
86−64 ・	・ 15+36

3 □に あう 数を 書きましょう。

❶
```
  9 □
−  4 6
─────
  4 8
```
❷
```
  9 4
− □ 5
─────
  7 □
```
❸
```
  6 □
− □ 6
─────
    9
```
❹
```
  7 □
−  2 6
─────
  □ 4
```

④ こうじさんと たけしさんが, 92ページの 本を 読みます。

❶ こうじさんは 25ページ 読みました。のこりは
何ページですか。

しき

答え（　　　　　　　　　）

❷ たけしさんは 何ページか 読んだので, のこりが 59ページに
なりました。たけしさんは こうじさんより 何ページ 多く
読みましたか。

しき

答え（　　　　　　　　　）

✦✦✦ **できたらスゴイ！**

⑤ たまごが 64こ ありました。きのう 15こ つかって, 今日は
きのうより 7こ 多く つかいました。たまごは 何こ のこって
いますか。

しき

答え（　　　　　　　　　）

！ヒント

❺ 図に かくと,
右の ように なります。
今日 つかった
たまごは 15+7に
なります。

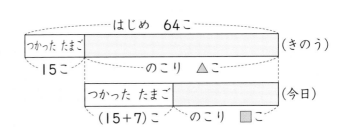

はじめ 64こ
つかった たまご　　　　　　（きのう）
15こ　　のこり △こ
つかった たまご　　　　　　（今日）
(15+7)こ　　のこり ▢こ

答え▶5ページ

3 数の あらわし方

たしかめ よう ★ ★ ★ 標準レベル

> 100より 大きい 数の しくみを しろう。

れいだい1 100より 大きい 数

色紙（いろがみ）は 何（なん）まい ありますか。

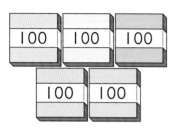 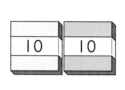 

まい

とき方（かた） 100まいの たばが 5つと, 10まいの たばが 2つ, ばらが 4まいです。

---

1 えんぴつは 何本ありますか。

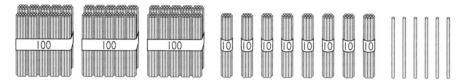

☐ 本

2 次（つぎ）の 数を 数字（すうじ）で 書（か）きましょう。

① 百八十二　（　　　　）　② 九百三十　（　　　　）

③ 七百一　（　　　　）　④ 六百　（　　　　）

⑤ 二百五十九　（　　　　）　⑥ 三百八十四　（　　　　）

3 次の 数を 漢字（かんじ）で 書きましょう。

① 500　（　　　　）　② 420　（　　　　）

③ 309　（　　　　）　④ 718　（　　　　）

⑤ 162　（　　　　）　⑥ 935　（　　　　）

おやつの 時間は 何時かな？ 3時だね。午後1時から 3時までは 「未（ひつじ）」で あらわされる。未は 十二支（じゅうにし）の 8番目だから,「八（や）つ刻（どき）」。だから おやつ なんだね。

れいだい2 | 100より 大きい 数

□に あてはまる 数を 書きましょう。

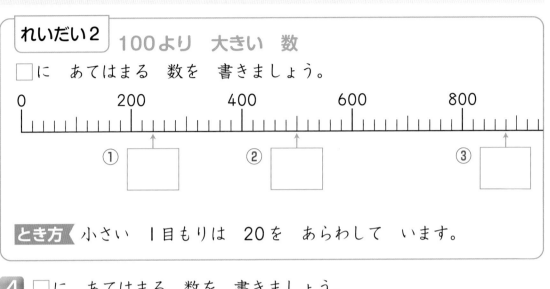

とき方 小さい 1目もりは 20を あらわして います。

4 □に あてはまる 数を 書きましょう。

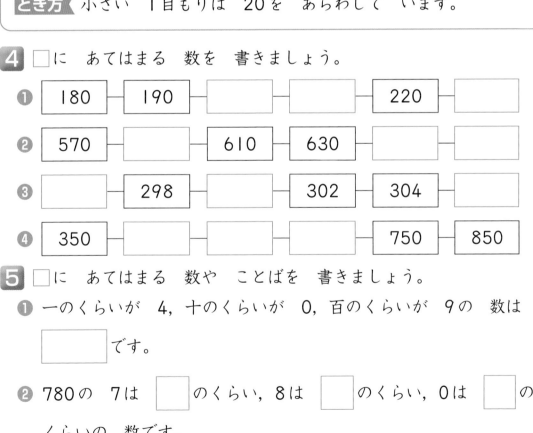

❶ | 180 | 190 | | | 220 | |

❷ | 570 | | 610 | 630 | | |

❸ | | 298 | | 302 | 304 | |

❹ | 350 | | | | 750 | 850 |

5 □に あてはまる 数や ことばを 書きましょう。

❶ 一のくらいが 4, 十のくらいが 0, 百のくらいが 9の 数は
　□ です。

❷ 780の 7は □ のくらい, 8は □ のくらい, 0は □ の
　くらいの 数です。

❸ 10を 48こ あつめた 数は □ です。

❹ 906は, □ を 9こ, □ を 6こ あわせた 数です。

3 数の あらわし方

ふかめよう ★★★ ハイレベル

> 100より 大きい 数の いろいろな もんだいを といてみよう。

❶ □に あてはまる 数を 書きましょう。

❶ 760は, [ ] と 60を あわせた 数です。

❷ 760は, 10を [ ] こ あつめた 数です。

❸ 100を 10こ あつめた 数は [ ] です。

❹ 1000より 1 小さい 数は [ ] です。

❺ [ ] より 10 大きい 数は 1000です。

❻ [ ] — 550 — [ ] — [ ] — 625 — 650

❼ 980 — [ ] — [ ] — 992 — 996 — [ ]

❷ 数の線を 見て, 答えましょう。

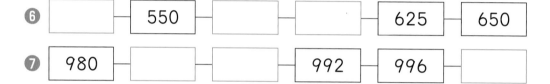

❶ いちばん 小さい 1目もりは いくつですか。 （ ）

❷ 上の 図の ①, ②は いくつですか。

① （ ）, ② （ ）

❸ 上の 図の ⑦, ⑦, ⑦, ⑦の 目もりが あらわす 数は いくつですか。

⑦ （ ）, ⑦ （ ）,

⑦ （ ）, ⑦ （ ）

③ 次の 6つの 数を 大きい じゅんに ならべましょう。

978, 789, 897, 987, 879, 798

（　　　　　　　　　　　　　　）

④ 600より 大きくて 1000より 小さい 数の 中で，百のくらいの 数字が 十のくらいの 数字よりも 小さく，一のくらいが 5の 数を ぜんぶ 書きましょう。

（　　　　　　　　　　　　　　）

⑤ □に あう 数を 書きましょう。

❶ 500円玉が 1こと，100円玉が □こと，5円玉が 4こで 920円です。

❷ 100円玉が 6こと，50円玉が 3こと，10円玉が □こで 830円です。

★★★ できたらスゴイ！

⑥ ④, ⑤, ⑥の 3まいの カードを，1まいずつ つかって できる 3けたの 数に ついて 答えましょう。

❶ いちばん 大きい 数は いくつですか。（　　　　）

❷ いちばん 小さい 数は いくつですか。（　　　　）

❸ 2番目に 大きい 数と，2番目に 小さい 数は いくつ ちがいますか。（　　　　）

❹ 500に いちばん 近い 数は いくつですか。（　　　　）

❺ 550から いちばん 遠い 数は いくつですか。（　　　　）

❗ヒント

⑥ ④, ⑤, ⑥の 3まいの カードの 組み合わせは，大きい じゅんに，654, 645, 564, 546, 465, 456の 6とおりです。数の線を つかって 考えましょう。

4 何十，何百の 計算

何十，何百の 計算の
しかたや 数の 大小の
あらわし方を しろう。

れいだい1 何十，何百の 計算

① 60＋90＝ [　　]

② 130－50＝ [　　]

とき方 10の まとまりが 何こに なるかを 考えます。

1 たし算を しましょう。

❶ 60＋70＝ [　　]　　　❷ 80＋50＝ [　　]

❸ 400＋300＝ [　　]　　❹ 500＋200＝ [　　]

❺ 700＋50＝ [　　]　　　❻ 900＋3＝ [　　]

2 ひき算を しましょう。

❶ 120－40＝ [　　]　　　❷ 160－70＝ [　　]

❸ 700－300＝ [　　]　　❹ 1000－600＝ [　　]

❺ 630－30＝ [　　]　　　❻ 305－5＝ [　　]

3 赤い 色紙が 90まい，青い 色紙が 60まい あります。色紙は
あわせて 何まい ありますか。

しき　　　　　　　　　　　　　　　　　　答え（　　　　　）

ものしり　算数　まめちしき

81才に なった 人の 年れいを 「半寿」と よぶよ。「寿」と は 「おいわい」の こと。「半」の 漢字を ばらばらに 分ける と,「八」と「十」と「一」に 見えるから 八十一なんだ。

れいだい2 数の 大小 （>，<）

687と 692の 数の 大きさを くらべます。□に あてはまる >，<を 書きましょう。

687 □ 692

とき方 十のくらいの 数字を くらべます。

---

4 □に あてはまる >，<を 書きましょう。

❶ 598 □ 589　　　　❷ 492 □ 479

❸ 608 □ 606　　　　❹ 94 □ 105

5 0から 9までの 数字の 中で，□に あてはまる 数字を ぜんぶ 書きましょう。

❶ 378 < 3□8　　　　（　　　　　　）

❷ 539 > 5□9　　　　（　　　　　　）

6 まりなさんは 400円 もって います。

❶ 50円 もらうと, 何円に なりますか。

しき

答え （　　　　　　）

❷ 450円から 50円 つかうと, いくらに なりますか。

しき

答え （　　　　　　）

4 何十，何百の 計算

ふかめ よう ★★★ ハイ レベル

何十，何百の 計算を しよう。

1 計算を しましょう。

❶ 60＋50＝ [　　] 　　❷ 120－60＝ [　　]

❸ 170－90＝ [　　] 　　❹ 80＋70＝ [　　]

❺ 600＋200＝ [　　] 　　❻ 800－80＝ [　　]

❼ 900＋60＝ [　　] 　　❽ 1000－400＝ [　　]

❾ 407－7＝ [　　] 　　❿ 800＋4＝ [　　]

2 たくやさんは 200円 もって います。90円の ジュースと，パンを 1こ 買います。

90円 　　ロールパン 1こ60円 　　メロンパン 1こ110円 　　チョココロネ 1こ120円

❶ ジュースと パンを あわせた ねだんを しらべます。
　□に あてはまる ＞，＜を 書きましょう。

・ジュースと ロールパン 　　200 [　　] 90＋60

・ジュースと チョココロネ 　　200 [　　] 90＋120

❷ ちょうど 200円に なるのは ジュースと 何を 買った ときですか。

（　　　　　　　　　　）

❸ 0から 9までの 数字の 中で，□に あてはまる 数字を
ぜんぶ 書きましょう。

❶ 9□8 > 939

（　　　　　　　　　　）

❷ 7□3 < 782

（　　　　　　　　　　）

❸ 561 > □59

（　　　　　　　　　　）

◆◆◆ できたらスゴイ！

❹ 買い物を して 500円玉 1こを 出したら，100円玉，
50円玉，10円玉が それぞれ 1こずつの おつりが きました。
買った 物は 何円でしたか。

（　　　　　　　　　　）

❺ 100円玉が 4こ，50円玉が 6こ，10円玉と 5円玉が あわせて
7こ，1円玉が 5こ あって，ぜんぶで 750円に なります。

❶ 10円玉と 5円玉を あわせると いくらに なりますか。

（　　　　　　　　　　）

❷ 10円玉と 5円玉は それぞれ 何こ ありますか。

10円玉（　　　　　　　），5円玉（　　　　　　　）

❗ヒント
❹ おつりは，100＋50＋10＝160（円）です。

❺ 100円玉が 4こで 400円，50円玉が 6こで 300円，
1円玉が 5こで 5円です。あわせて 705円で ある ことから，❶の
金がくを もとめます。

「答えと考え方」を 読んで おさらいしよう！　　19

5 たし算の　きまり

たしかめよう ✦✦✦ 標準レベル

3つの　数の　計算の
しかたを　考えよう。

れいだい1 （　）を　つかった　しきの　計算

まなみさんは，27円の　えんぴつと　33円の　クッキーと
20円の　あめを　買いました。ぜんぶで　いくら　つかったのかを
計算します。□に　あてはまる　数を　書きましょう。

27円　　　　　　　　　33円　　　　　　　　20円

① えんぴつと　クッキーの　だい金を　先に　計算する。

$(27+33)+20=$ ⬜ $+20=$ ⬜

② クッキーと　あめの　だい金を　先に　計算する。

$27+(33+20)=27+$ ⬜ $=$ ⬜ ⬜ 円

とき方（　）の　中は　先に　計算します。

1 計算を　しましょう。

① $36+(4+6)$　　　　　　② $(36+4)+6$

③ $52+(18+2)$　　　　　　④ $(52+18)+2$

2 くふうして　計算しましょう。

① $5+39+1$　　　　　　② $26+47+3$

③ $54+13+6$　　　　　　④ $27+26+4$

⑤ $9+15+31$　　　　　　⑥ $5+33+25$

算数 まめちしき

88才の 人は,「米寿」だよ。半寿と 同じように,「米」の 漢字を ばらばらに 分けて みよう。「八」と 「十」と 「八」に 分かれて 見えるね。

れいだい2　（　）を つかった しきの 考え方

黄色い テープが 12本, 赤い テープが 16本 あります。

赤い テープを 4本 もらいました。テープは, ぜんぶで

何本に なりましたか。

① （　）を つかって, 2人の 考えに あう しきを 書きましょう。

はじめに もって いた テープの 数を 先に 計算しよう。　　**しき**

赤い テープの 数を 先に 計算しよう。　　**しき**

② 答えを もとめましょう。　　　　　　**答え** （　　　　　　　）

とき方　たし算では, たす じゅんじょを かえても, 答えは 同じに なります。

---

3 こうたさんは, 15円の 色紙と 30円の えんぴつを 買いました。もう 1本 えんぴつを 買おうと して, 店に もどり, 45円の えんぴつを 買いました。ぜんぶで いくら つかいましたか。

❶ （　）を つかって, 2とおりの しきを 書きましょう。

　　㋐ はじめに 買った 分を 先に 計算する。

　　しき

　　㋑ えんぴつの だい金を 先に 計算する。

　　しき

❷ 答えを もとめましょう。　　　　　　（　　　　　　　）

21

5 たし算の きまり

ふかめよう ★★★ ハイレベル

( )を つかった しきを つくって 考えよう。

① 計算を しましょう。

❶ 47+(18+12)

❷ 35+(11+24)

❸ 29+(33+17)

❹ (56+4)+38

② くふうして 計算しましょう。

❶ 8+11+9

❷ 7+21+19

❸ 37+16+23

❹ 23+15+7

❺ 26+38+14

❻ 25+47+15

❼ 14+29+16

❽ 4+79+6

❾ 39+12+28

❿ 15+22+45

⓫ 27+38+33

⓬ 12+36+28

③ れなさんは 色紙を 25まい もって いました。お兄さんから 7まい, お姉さんから 3まい もらうと, 色紙は 何まいに なりますか。

しき

答え (　　　　　　　　)

④ 赤い リボンが 14本, 青い リボンが 28本 あります。
お母さんから ピンクの リボンを 16本 もらいました。リボンは
あわせて 何本に なりましたか。

しき　　　　　　　　　　　　　答え（　　　　　　　　）

········· ✦✦✦ できたらスゴイ！ ·········

⑤ おかしを 買いに きました。

| あめ 1こ 20円 | ラムネ 1こ 40円 | ガム 1こ 16円 | わたがし 1こ 36円 | チョコレート 1こ 24円 |

❶ あめと ラムネと ガムを 1こずつ 買うと, ぜんぶで
いくらですか。

しき　　　　　　　　　　　　　答え（　　　　　　　　）

❷ わたがし 1こと チョコレートを 2こ 買うと, ぜんぶで
いくらですか。

しき　　　　　　　　　　　　　答え（　　　　　　　　）

❸ ちがう おかしを 3こ 買ったところ 100円でした。何を
買いましたか。

（　　　　　　　　　　　　　　　　　　）

❹ ちがう おかしを 3こ 買ったところ 80円でした。何を 買い
ましたか。すべての 組み合わせを 書きましょう。

（　　　　　　　　　　　　　　　　　　）

！ヒント
　⑤ たとえば,（あめ, ラムネ, わたがし）は, 20＋40＋36＝96(円)です。
　すべての 組み合わせを しらべて みましょう。

6 たし算の ひっ算

 たしかめ よう ★ ★ ★ ★ 標準レベル

百のくらいに くり上がりの
ある たし算の ひっ算を
しよう。

れいだい1 たし算の ひっ算(1)

とき方

74+52の 計算を ひっ算で しましょう。

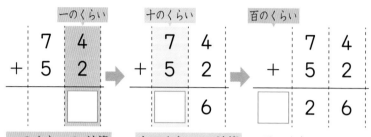

一のくらい		
	7	4
+	5	2

十のくらい		
	7	4
+	5	2
		6

百のくらい		
	7	4
+	5	2
	2	6

くらいごとに
計算します。
百のくらいに
くり上げた
1を 書きます。

一のくらいの 計算　　十のくらいの 計算　　百のくらいに

4+2= □　　　7+5= □　　　□ を 書く。　74+52= □

1 計算を しましょう。

❶　 5 3
　 +8 4

❷　 2 7
　 +9 2

❸　 7 0
　 +6 5

❹　 4 5
　 +6 4

2 ひっ算で しましょう。

❶ 61+55

❷ 43+72

❸ 53+86

❹ 29+90

3 赤い 花が 52本, 白い 花が 76本 さいて います。
あわせて 何本 さいて いますか。

しき

 答え （　　　　　　　　）

算数
まめちしき

99才の　人は,「白寿」だよ。「白」と　いう　漢字は,「百」と
いう　漢字の　上の　「一」を　ひいた　字だね。「百」から　「一」
を　ひく。つまり，100－1＝99で，99才だね。

れいだい2　　たし算の　ひっ算(2)

74＋68の　計算を　ひっ算で　しましょう。

```
  ● 
  7 4
+ 6 8
─────
  □
```
→
```
  ●
  7 4
+ 6 8
─────
  □ 2
```
→
```
  ●
  7 4
+ 6 8
─────
□ 4 2
```
↑百のくらいに
1を　書く。

74＋68＝□

一のくらいの　計算

4＋8＝□

十のくらいの　計算

●＋7＋6＝□

くり上げた　1

とき方　くり上がりに　気を　つけて　計算します。

---

4 計算を　しましょう。

① 　 6 8
　 ＋8 5

② 　 5 7
　 ＋7 6

③ 　 4 3
　 ＋6 9

④ 　 9 5
　 ＋　 7

5 ひっ算で　しましょう。

① 36＋89　　② 29＋75　　③ 96＋7　　④ 3＋99

6 85円の　ノートと　48円の　えんぴつを　買います。あわせて
何円ですか。

しき

答え (　　　　　　　)

6 たし算の ひっ算

 ふかめよう ★★★ ハイ レベル

くり上がりの たし算を つかって いろいろな 計算を しよう。

1 ひっ算で しましょう。

❶ 53＋72　　❷ 80＋53　　❸ 62＋67　　❹ 72＋48

❺ 65＋49　　❻ 7＋96　　❼ 43＋68　　❽ 86＋37

2 次の 計算を しましょう。

❶
```
   2 1
   1 4
 ＋3 2
```

❷
```
   2 4
   4 5
 ＋1 8
```

❸
```
   3 8
   5 6
 ＋6 2
```

❹
```
   8 7
   4 9
 ＋2 6
```

3 □に あう 数を 書きましょう。

❶
```
    4 □
 ＋ 8 7
 ─────
 1 □ 2
```

❷
```
    7 9
 ＋ 6 □
 ─────
 □ □ 6
```

❸
```
    1 5
    4 □
 ＋ □ 3
 ─────
    9 3
```

❹
```
    4 □
    □ 6
 ＋ 6 7
 ─────
 □ 7 1
```

④ おかしを 買（か）いに きました。

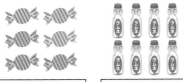

あめ	ラムネ	せんべい	ゼリー	ドーナツ
1こ 14円	1こ 55円	1まい 28円	1こ 78円	1こ 82円

❶ ゼリーと ドーナツを 1こずつ 買うと いくらですか。

しき　　　　　　　　　　答え（　　　　　　　　）

❷ 110円で ラムネ 1こと せんべい 2まいを 買えますか。

（　　　　　　　　）

❸ 2こ 買って 100円で おつりが いちばん 少ない
買（か）い方（かた）を 答えましょう。

（　　　　　　　　　　　）

⑤ ある 数に 68を たす ところを，まちがえて ある 数から
68を ひいて しまったので，答えが 23に なりました。正しい
答えは いくつですか。

しき　　　　　　　　　　答え（　　　　　　　　）

✦✦✦ **できたらスゴイ！**

⑥ 子どもが 1列（れつ）に ならんで います。はるかさんは 前（まえ）から 28
番目（ばんめ），あおいさんは 後（うし）ろから 29番目で，はるかさんと あおいさん
の 間（あいだ）に 17人 います。みんなで 何人（なんにん） ならんで いますか。

しき

答え（　　　　　　　）または（　　　　　　　）

！ヒント
⑤ ある 数は，23＋68で もとめられます。
⑥ はるかさんが，あおいさんより 前に いる ときと，あおいさんより
後ろに いる ときが あります。

答え▶9ページ

7 ひき算の ひっ算

たしかめよう  **標準** レベル

> 百のくらいから くり下がりの
> ある ひき算の ひっ算を
> しよう。

れいだい1 ひき算の ひっ算(1)

134−62の 計算を ひっ算で しましょう。

```
    1  3  4          ⟋1  3  4
 −     6  2       −     6  2
 ─────────         ─────────
          □                  2
```

とき方

ひけない
ときは，百の
くらいから
1 くり下げて
ひきます。

一のくらいの 計算

4−2= □

3から 6は ひけないので，百のくらいから 1 くり下げる。 ➡ 13−6= □

十のくらいの 計算

134−62= □

---

1 計算を しましょう。

❶
```
   1 4 9
 −   6 4
```

❷
```
   1 2 7
 −   5 3
```

❸
```
   1 1 4
 −   7 0
```

2 ひっ算で しましょう。

❶ 135−51

❷ 187−96

❸ 106−75

3 まみさんは，128ページの 本を 76ページまで 読みました。
あと 何ページ のこって いますか。

しき

答え (   )

ものしり
算数
まめちしき

「かさ」は 水の りょうなどを あらわす ことばだけれど 漢字で 書くと，「嵩」だよ。「高」い 「山」が 立って いる ようすを あらわす 漢字だよ。

れいだい2　ひき算の ひっ算(2)

①②の 計算を ひっ算で しましょう。

① 145−68

```
    ③
  1 4̸ 5
−   6 8
───────
        7
```
→
```
    ③
  1̸ 4̸ 5
−     6 8
───────
    □ 7
```

一のくらいの 計算	十のくらいの 計算
十のくらいから 1 くり下げて	1 くり下げたので ③ 百のくらいから 1 くり下げて

15−8=□　　　13−6=□

145−68=□

② 103−47

```
    9
    1̸0
  1̸ 0̸ 3
−     4 7
───────
    □
```
→
```
    9
    1̸0
  1̸ 0̸ 3
−     4 7
───────
    □ 6
```

一のくらいの 計算	十のくらいの 計算
百のくらいから じゅんに くり下げて	1 くり下げたので ⑨

13−7=□　　　9−4=□

103−47=□

とき方　ひけない ときは 1つ 上の くらいから くり下げます。

4　ひっ算で しましょう。

❶ 135−67

❷ 173−85

❸ 120−54

❹ 104−75

❺ 102−68

❻ 107−9

答え ▶ 10ページ

7 ひき算の ひっ算

ふかめよう ★★★ ハイ レベル

くり下がりの ある ひき算で いろいろな 計算を して みよう。

1 ひっ算で しましょう。

❶ 126−54

❷ 158−82

❸ 100−17

❹ 178−89

❺ 115−78

❻ 106−98

2 □に あう 数を 書きましょう。

❶
```
    1 0 □
  −   7 8
  ─────────
      □ 7
```

❷
```
    □ 5 7
  −   9 □
  ─────────
      □ 8
```

❸
```
    1 0 4
  −   □ 7
  ─────────
      6 7
```

3 たくとさんは, カードを 105まい もって います。今日, 弟に 19まい あげました。カードは, 何まい のこって いますか。

しき

答え (   )

❹ 町内の そうじを しました。あきかんを 先月は 84こ ひろいました。今月は 123こ ひろいました。今月は 先月より 何こ 多く ひろいましたか。

しき

答え （　　　　　　　）

❺ ぜんぶで 128ページ ある 本を, きのうは 42ページ, 今日は 37ページ 読みました。のこりは 何ページですか。

しき

答え （　　　　　　　）

❻ 体育館に 男の子が 74人, 女の子が 62人 います。ぜんいんが, 1人がけの いすに すわって いったら, 40人 すわれませんでした。いすは ぜんぶで 何こ ありますか。

しき

答え （　　　　　　　）

✦✦✦ できたらスゴイ！

❼ たろうさんは 150円 もって いました。52円の けしゴムと 30円の えんぴつと 45円の 画用紙を 買った 後, お母さんに 100円 もらったので, さらに 49円の おかしを 買いました。今, たろうさんは 何円 もって いますか。

しき

答え （　　　　　　　）

❗ヒント

❻ 体育館に いる 人数を 先に もとめます。

❼ 買って なくなった お金は ひき算, もらった お金は たし算で, じゅんばんに 計算して いきましょう。

8 大きい 数の ひっ算

たしかめよう ✦✦✦ 標準レベル

3けたの たし算と ひき算の ひっ算を しよう。

れいだい1 大きい 数の ひっ算(1)

325+73の 計算を ひっ算で しましょう。

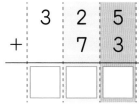

一のくらいの 計算　5+3= ☐

十のくらいの 計算　2+7= ☐

百のくらいは ☐　　325+73= ☐

百のくらいを 書きわすれないように しよう。

とき方 3けたの 計算も 2けたの 計算と 同じように 計算します。

---

1 ひっ算で しましょう。

❶ 523+76

❷ 436+58

❸ 79+304

❹ 104+36

❺ 673+8

❻ 206+4

2 69円の えんぴつと 307円の スケッチブックを 買いました。あわせて いくらですか。

しき

答え (　　　　　　)

「万」の 後は,「億」,「兆」と つづくよ。数字で 書くと 1万 が ゼロ4こ, 1億が ゼロ8こ, 1兆が ゼロ12こ ならぶよ。 4こずつ かわって いくね。

れいだい2　　大きい 数の ひっ算⑵

743−16の 計算を ひっ算で しましょう。

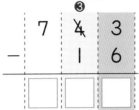

一のくらいの 計算　十のくらいから 1 くり下げて

$13-6=$ □

十のくらいの 計算　1 くり下げたので ❸

$3-1=$ □

百のくらいは □　　　$743-16=$ □

とき方　くり下がりに 気を つけて 計算します。

3 ひっ算で しましょう。

❶ 684−57

❷ 851−32

❸ 935−26

❹ 456−8

❺ 362−9

❻ 513−5

4 画用紙が 496まい あります。2年生 89人に 1人 1まいずつ くばると, のこりは 何まいに なりますか。

しき　　　　　　　　　　　　**答え** (　　　　　　　)

8 大きい　数の　ひっ算

ふかめ
よう　　★★★ ハイ レベル

> 3けたの　たし算，ひき算を
> ふかめよう。

❶ 次の　計算を　しましょう。

❶
```
   698
 +  89
```

❷
```
   327
 +248
```

❸
```
   573
 +152
```

❹
```
   458
 +394
```

❺
```
   374
 -  65
```

❻
```
   430
 -  87
```

❼
```
   652
 -326
```

❽
```
   805
 -451
```

❷ □に　あう　数を　書きましょう。

❶ 243+□=308

❷ □+47=586

❸ 847-□=768

❹ 504-□=289

❸ □に　あう　数を　書きましょう。

❶
```
   3 5 □
 + 4 □ 2
 ─────────
   □ 9 8
```

❷
```
   □ 8 □
 + 5 7 6
 ─────────
   9 □ 4
```

❸
```
   8 □ 2
 - □ 5 9
 ─────────
   7 2 □
```

④ 体育館に 大人が 327人 いて，子どもが 大人より 132人 少ないです。体育館には，大人と 子どもが ぜんぶで 何人 いますか。

しき

答え（　　　　　）

⑤ ちゅう車場に 自転車と オートバイが あわせて 253台 とめて あります。そこへ 自転車が 18台，オートバイが 16台 入って きたので，自転車は 185台に なりました。

❶ はじめ，ちゅう車場に とめて あった 自転車は 何台ですか。

しき

答え（　　　　　）

❷ 16台 入って きた 後の オートバイは 何台に なりましたか。

しき

答え（　　　　　）

━━━ ✦✦✦ できたらスゴイ！ ━━━

⑥ ちさとさんは，本を きのうまでに 124ページ 読み，今日は 48 ページ 読みました。明日も あさっても 今日より 5ページずつ 多く 読むと，のこりが 58ページに なります。この 本は，ぜんぶ で 何ページ ありますか。

しき

答え（　　　　　）

!ヒント
⑥ 図に あらわすと 右の ように なります。

ぜんぶで □ページ

きのうまで	今日	明日	あさって	のこり
124ページ	48 ページ	48+5 ページ	48+5 ページ	58 ページ

9 かけ算の　しきと，5のだん，2のだん，3のだん，4のだんの　九九

たしかめ
よう  標準レベル

5・2・3・4のだんの　九九が
すべて　いえるように
しよう。

れいだい1 かけ算の　しきと，5のだん　2のだんの　九九

かけ算の　しきに　書きましょう。

①  の　6さら分

　□　×　□　＝　□

　1つ分の　数　いくつ分　ぜんぶの　数

② 🍮🍮 の　8パック分

　□　×　□　＝　□

五一が	5	二一が	2
五二	10	二二が	4
五三	15	二三が	6
五四	20	二四が	8
五五	25	二五	10
五六	30	二六	12
五七	35	二七	14
五八	40	二八	16
五九	45	二九	18

とき方 (1つ分の　数)×(いくつ分)＝(ぜんぶの　数)に　なること，
5のだん，2のだんの　九九を　おさえます。

1 かけ算を　しましょう。

① 5×7　　　　② 2×6　　　　③ 5×4

④ 2×3　　　　⑤ 5×5　　　　⑥ 2×9

⑦ 5×8　　　　⑧ 2×4　　　　⑨ 5×3

2 ドーナツが　5こずつ　入った　はこが，9はこ　あります。
ドーナツは　ぜんぶで　何こ　ありますか。

しき

答え（　　　　　　　　）

算数 まめちしき

九九は むかしから したしまれて きたんだよ。「十五夜」は 8月15日の 夜の こと だけれど,「三五の夜」と いう べつの 名前が ついて いるよ。3×5＝15だね。

れいだい2　3のだん，4のだんの 九九

かけ算の しきに 書きましょう。

①  の 5パック分

| | × | | = | |

１つ分の 数　いくつ分　ぜんぶの 数

②  の 3グループ分

| | × | | = | |

さんいち 三一が	さん 3	しいち 四一が	し 4
さんに 三二が	ろく 6	しに 四二が	はち 8
さざん 三三が	く 9	しさん 四三	じゅうに 12
さんし 三四	じゅうに 12	しし 四四	じゅうろく 16
さんご 三五	じゅうご 15	しご 四五	にじゅう 20
さぶろく 三六	じゅうはち 18	しろく 四六	にじゅうし 24
さんしち 三七	にじゅういち 21	ししち 四七	にじゅうはち 28
さんぱ 三八	にじゅうし 24	しは 四八	さんじゅうに 32
さんく 三九	にじゅうしち 27	しく 四九	さんじゅうろく 36

とき方 3のだんの 九九では かける数が 1ふえると 答えは 3ふえ，4のだんの 九九では 4 ふえます。

3 かけ算を しましょう。

① 3×2　② 4×5　③ 3×4
④ 4×6　⑤ 3×7　⑥ 4×8
⑦ 3×8　⑧ 4×4　⑨ 3×9

4 1はこ 4こ入りの ケーキが 7はこ あります。

① ケーキは 何こ ありますか。

しき

答え（　　　　　）

② はこが 1はこ ふえると, ケーキは 何こ ふえますか。

（　　　　　）

9 かけ算の　しきと，5のだん，2のだん，3のだん，4のだんの　九九

ふかめよう　★★★ ハイレベル

5・2・3・4のだんの　九九を　つかって　考える　もんだいだよ。

1 同じ　△を　ふやして　いきます。□に　あてはまる　数を　書きましょう。

㋐	㋑	㋒	㋓	㋔	㋕

❶ ㋒は　㋐の 倍　　❷ ㋔は　㋐の 倍

❸ ㋔は　㋒の 倍　　❹ ㋕は　㋑の 倍

2 □に　あう　数を　書きましょう。

❶ 3の　5つ分は　3× 　　❷ 2の　4つ分は　2×

❸ 4の　7つ分は

❹ 5の　8つ分は

❺ 2＋2＋2＋2＋2は，　2の  倍です。

❻ 5＋5＋5＋5＋5＋5は，　5の 倍です。

❼ 2×9は，　2×8より 大きい。

❽ 3×6は，　3×7より　　小さい。

③ まん中の　数に　まわりの　数を　かけましょう。

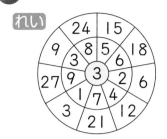
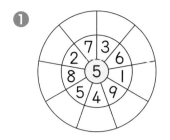
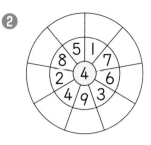

④ １ふくろ　５まい入りの　クッキーが　４ふくろと，１ふくろ　３まい入りの　クッキーが　２ふくろ　あります。クッキーは　あわせて　何まい　ありますか。

しき

答え（　　　　　　　　）

⑤ ノートを　１人に　２さつずつ　６人に　くばったら，３さつ　あまりました。ノートは　はじめに　何さつ　ありましたか。

しき

答え（　　　　　　　　）

✦✦✦ できたらスゴイ！

⑥ １ふくろ　４こ入りの　風船を　６ふくろ　買いました。その　風船を　１人に　３こずつ　９人に　くばるには，何こ　たりませんか。

しき

答え（　　　　　　　　）

！ヒント
⑥ 図に　あらわすと　右の　ように　なります。

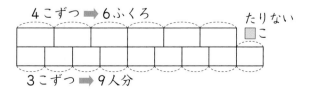

10 6のだん, 7のだん, 8のだん, 9のだんの 九九

答え▶13ページ

たしかめよう 標準レベル

6・7・8・9のだんの 九九を たしかめよう。

れいだい1 6のだん, 7のだんの 九九

□に あう 数を 書きましょう。

① 6×5 = □

}4×5=20

}2×5=10

② 7×8 = □

}5×8=40

}2×8=16

六一が	6	七一が	7
六二	12	七二	14
六三	18	七三	21
六四	24	七四	28
六五	30	七五	35
六六	36	七六	42
六七	42	七七	49
六八	48	七八	56
六九	54	七九	63

とき方 ① 6を 4と 2に 分けて 考えて います。

② 7を 5と 2に 分けて 考えて います。

1 かけ算を しましょう。

❶ 6×4

❷ 7×3

❸ 6×2

❹ 7×9

❺ 6×6

❻ 7×5

❼ 6×8

❽ 7×4

❾ 6×3

2 色紙を, 7まいずつ 6人に くばります。色紙は, ぜんぶで 何まい いりますか。

しき

答え ( )

算数まめちしき

ことばあそびで，漢数字の 「十六」が どうぶつを あらわす ことが あるよ。何の どうぶつか わかるかな？ 16は 「4×4」で，「しし」の ことだね。いのししや しかの ことだよ。

れいだい2　8のだん，9のだんの 九九

かけ算を しましょう。

① 8×2＝

② 9×7＝

③ 8×9＝

④ 9×6＝

⑤ 8×7＝

八一が	8	九一が	9
八二	16	九二	18
八三	24	九三	27
八四	32	九四	36
八五	40	九五	45
八六	48	九六	54
八七	56	九七	63
八八	64	九八	72
八九	72	九九	81

とき方 9のだんの 九九の 答えは，一のくらいの 数と 十の くらいの 数を たすと，ぜんぶ 9に なります。

3 かけ算を しましょう。

❶ 9×4　　❷ 8×5　　❸ 9×2

❹ 8×6　　❺ 9×3　　❻ 8×8

❼ 9×5　　❽ 8×4　　❾ 9×9

4 1はこ 8こ入りの おかしが 3はこ あります。おかしは ぜんぶで 何こ ありますか。

しき　　　　　　　　　　　答え（　　　　　　）

5 8つの チームで やきゅうを します。1チームは 9人です。みんなで 何人 いますか。

しき　　　　　　　　　　　答え（　　　　　　）

答え▶14ページ

10 6のだん, 7のだん, 8のだん, 9のだんの 九九

ふかめ
よう

★★★ ハイ レベル

6・7・8・9のだんの 九九を
さらに ふかめよう。

1 同じ △を ふやして いきます。□に あてはまる 数を 書きましょう。

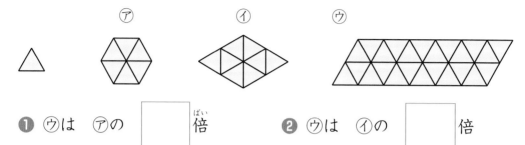

㋐   ㋑   ㋒

❶ ㋒は ㋐の [   ] 倍   ❷ ㋒は ㋑の [   ] 倍

2 □に あう 数を 書きましょう。

❶ 6×8は, 6×[   ] より 6 大きい。

❷ 7×4は, 7×[   ] より 7 小さい。

❸ 8×6は, 8×[   ] より 8 大きい。

❹ 9×7は, 9×[   ] より 9 小さい。

❺ 7×6= [   ] + [   ] + [   ] + [   ] + [   ] + [   ] = [   ]

────── 6つとも 同じ 数 ──────

❻ 9×[   ] =9+9+9+9+9= [   ]

❼ 8×[   ] =8+8+8+8+8+8+8= [   ]

③ まん中の 数に まわりの 数を かけましょう。

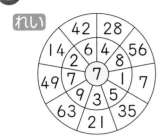
れい

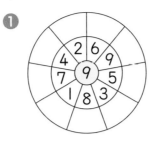
❶

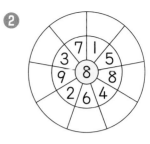
❷

④ ぜんぶで 80問 ある 計算ドリルが あります。1日 7問ずつ
9日間 やりました。あと 何問 のこって いますか。

しき

答え（　　　　　　　　）

⑤ まんじゅうが 50こ あります。1はこに 9こずつ 入れて 6は
こ つくります。まんじゅうは あと 何こ いりますか。

しき

答え（　　　　　　　　）

✦✦✦ できたらスゴイ！

⑥ バラの 花を 6本ずつ たばに して 9たば つく
ると，3本 のこります。また，カーネーションの 花を
7本ずつ たばに して 8たば つくると，6本 のこ
ります。どちらの 花が 何本 多いですか。

しき

答え（　　　　　　　）の 花が（　　　　　　　）本 多い。

❗ヒント

⑥ 図に あらわすと
右の ように
なります。

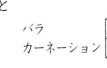
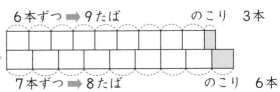

11 1のだんの 九九と，かけ算の きまり

たしかめよう  標準レベル

1の だんの 九九と，かけ算
の きまりを たしかめよう。

れいだい1　1のだんの 九九

🍅と 🍆 の 数を しらべましょう。

いんいち 一一が	いち 1
いんに 一二が	に 2
いんさん 一三が	さん 3
いんし 一四が	し 4
いんご 一五が	ご 5
いんろく 一六が	ろく 6
いんしち 一七が	しち 7
いんはち 一八が	はち 8
いんく 一九が	く 9

① 🍅は 何こ ありますか。

しき　　　　　　　　　　**答え**（　　　　　）

② 🍆は 何こ ありますか。

しき　　　　　　　　　　**答え**（　　　　　）

とき方　② 1のだんの 九九で 考えます。

1 かけ算を しましょう。

❶ 1×7　　　　　❷ 1×4　　　　　❸ 1×3

❹ 1×8　　　　　❺ 1×6　　　　　❻ 1×1

2 □に あてはまる 数を 書きましょう。

❶ 1の 6つ分は □×□　　　❷ 1の □倍は 1×9

3 まみさんは，1週間に 1さつずつ 本を 読んで います。
5週間では 何さつ 読むことに なりますか。

しき

（　　　　　　　）

算数
まめちしき

九九は　9×9までしか　ないけれど，10×10の　かけ算の　答えは　何かな？　100だね。「0」が　2つ　ならぶのは，かける数と，かけられる数に，どちらも　「0」が　1こずつ　入って　いるからだよ。

れいだい2　かけ算の　きまり

右の　九九の　ひょうを
見て，答えましょう。

① 4×3の　答えを　○で
かこみましょう。

② 答えが　18に　なって
いる　ところを　△で
かこみましょう。

③ 同じ　かけられる数の
3のだんの　答えと
4のだんの　答えを
たすと，何のだんの
答えに　なりますか。

		かける数								
		1	2	3	4	5	6	7	8	9
か	1	1	2	3	4	5	6	7	8	9
け	2	2	4	6	8	10	12	14	16	18
ら	3	3	6	9	12	15	18	21	24	27
れ	4	4	8	12	16	20	24	28	32	36
る	5	5	10	15	20	25	30	35	40	45
	6	6	12	18	24	30	36	42	48	54
数	7	7	14	21	28	35	42	49	56	63
	8	8	16	24	32	40	48	56	64	72
	9	9	18	27	36	45	54	63	72	81

　　　　　　　　　のだん

とき方　かける数が　1　ふえると，答えは　かけられる数だけ　ふえます。かけられる数と　かける数を　入れかえて　計算しても，答えは　同じに　なります。

---

4 答えが　下の　数に　なる　九九を　ぜんぶ　見つけましょう。

❶ 8　　　　（　　　　　　　　　　　　　　　　）

❷ 24　　　（　　　　　　　　　　　　　　　　）

❸ 36　　　（　　　　　　　　　　　　　　　　）

5 同じ　かけられる数の　2のだんの　答えと　5のだんの　答えを
たすと，何のだんの　答えに　なりますか。　　　　　のだん

答え▶15ページ

11 1のだんの 九九と，かけ算の きまり

ふかめよう ★★★ ハイ レベル

1のだんの 九九と，かけ算の きまりに ついての いろいろな もんだいだよ。

1 □に あてはまる ことばを 書きましょう。

❶ かけ算では，□ 数が 1 ふえると，答えは かけられる数だけ ふえます。

❷ かけ算では，□ 数と かける数を 入れかえても，答えは 同じに なります。

2 □に あう 数を 書きましょう。

❶ 4×6=4×5+□

❷ 7×5=7×4+□

❸ 8×7=7×□

❹ 9×6=□×9

❺ 1×3+1×4=1×□

❻ 6×4+6×5=6×□

❼ 5×9+2×9=□×9

❽ 6×8+3×8=□×8

3 □に あう 数を 書きましょう。

❶ 3×6=3×7−□

❷ 6×4=6×5−□

❸ 8×7−8×5=8×□

❹ 4×9−4×6=4×□

❺ 5×7−3×7=□×7

❻ 9×5−5×5=□×5

④ 本を 1日 6ページずつ 7日間 読むのと，1日 8ページずつ 5日間 読むのとでは，どちらが 何ページ 多いですか。

しき

答え （　　）ページずつ （　　）日間 読む ほうが （　　）ページ 多い。

⑤ 答えが 同じに なる ものを ⬚の 中から えらんで， （　）に 書きましょう。

❶ $7×9+7$ （　　　　） ❷ $4×8-4$ （　　　　）

❸ $8×3+7×3$ （　　　　） ❹ $13×5-7×5$ （　　　　）

❺ $6×7+6×8$ （　　　　） ❻ $8×16-8×9$ （　　　　）

$4×9$	$6×5$	$7×10$	$4×7$
$15×3$	$20×5$	$6×15$	$6×9$
$8×4$	$8×7$	$10×6$	$8×9$

✦✦✦ できたらスゴイ！

⑥ 次の もんだいに 答えましょう。

❶ 下の □に あてはまる 数を 書きましょう。

□ $×4=9×4+3×4=$ □

□ $×10=9×10+3×10=$ □

❷ $12×14$ を 計算しましょう。

❗ヒント

⑥ ❶ $(○+△)×□=○×□+△×□$ を つかいます。
   $9×10=9×9+9×1$ です。

❷ $12×14$ は，$12×(10+4)=12×10+12×4$ です。

答え▶16ページ

12 数の あらわし方と しくみ ①

たしかめよう　★ ★ ★ **標準**レベル

1000より 大きい 数の
しくみを たしかめよう。

れいだい1 1000より 大きい 数

ぜんぶで いくつですか。数字で 書きましょう。

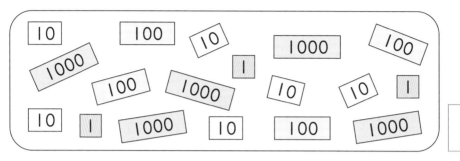

とき方 1000が 5こと, 100が 4こと, 10が 6こと,
1が 3こ あつまった 数です。

---

1 次の 数を 数字で 書きましょう。

❶ 四千百二十九　　❷ 九千　　❸ 七千六百

（　　　　　）　　（　　　　　）　　（　　　　　）

2 次の 数を 漢字で 書きましょう。

❶ 1837　　❷ 4250　　❸ 8900

（　　　　　）　　（　　　　　）　　（　　　　　）

3 □に あてはまる 数を 書きましょう。

❶ 1000を 5こ, 100を 7こ, 10を 2こ, 1を 4こ あわせた

数は, 　　　　　　 です。

❷ 4070は, 1000を 　　　 こ, 10を 　　　 こ あわせた 数です。

❸ 千のくらいの 数字が 2, 百のくらいの 数字が 0, 十のくらいの

数字が 6, 一のくらいの 数字が 9の 数は, 　　　　　　 です。

算数まめちしき

11×18の　かけ算は，198に　なるよ。十のくらいには　11と18の　一のくらいの　「1と8」の　たし算した　数が　入るよ。一のくらいは　「1と8」の　かけ算した　数が　入るよ。11×17や　11×16は　どうなるかな？

れいだい2　100を　あつめた　数

100を　18こ　あつめた　数は　いくつですか。

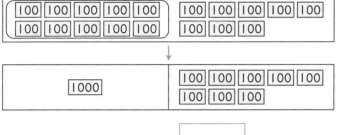

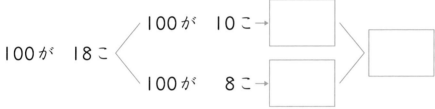

100が　18こ
　100が　10こ→ □
　100が　8こ→ □
→ □

とき方　100を　10こ　あつめた　数は　1000です。

4 □に　あてはまる　数を　書きましょう。

❶ 100が　36こ

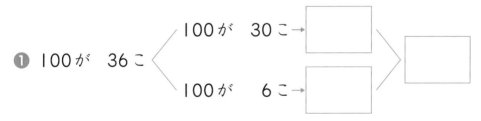

　100が　30こ→ □
　100が　6こ→ □
→ □

❷ 100を　50こ　あつめた　数は □　です。

❸ 6300は，100を □ こ　あつめた　数です。

5 計算を　しましょう。

❶ 800＋500　　　❷ 300＋900

❸ 400＋600　　　❹ 700－200

❺ 900－600　　　❻ 1000－700

12 数の あらわし方と しくみ ①

ふかめよう ★★★ ハイ レベル

1000より 大きい 数の
しくみを 考えてみよう。

❶ 次の 数を 数字で 書きましょう。

　❶ 四千二十九　　　　❷ 七千二　　　　　❸ 八千六百一

　　　（　　　　　）　　（　　　　　）　　（　　　　　）

❷ 次の 数を 漢字で 書きましょう。

　❶ 4705　　　　　　❷ 6014　　　　　　❸ 7009

　　　（　　　　　）　　（　　　　　）　　（　　　　　）

❸ 次の 数を 書きましょう。

　❶ 1000を 4こ, 10を 36こ あわせた 数

　　　　　　　　　　　　　　　　（　　　　　）

　❷ 1000を 2こ, 100を 25こ あわせた 数

　　　　　　　　　　　　　　　　（　　　　　）

　❸ 100を 23こ, 1を 48こ あわせた 数

　　　　　　　　　　　　　　　　（　　　　　）

　❹ 100を 34こ, 10を 57こ, 1を 19こ あわせた 数

　　　　　　　　　　　　　　　　（　　　　　）

❹ 1ふくろ 100まい入りの 色紙を 12ふくろ, 1ふくろ 50まい
入りの 色紙を 10ふくろ, 1ふくろ 10まい入りの 色紙を
20ふくろ 買いました。ぜんぶで 何まい 買いましたか。

　　　　　　　　　　　　　　　　（　　　　　）

5 1000円さつが 5まい, 500円玉が 3こ, 100円玉が 7こ, 50円玉が 3こ, 10円玉が 8こ あります。ぜんぶで 何円に なりますか。

(　　　　　　　　)

6 1600より 大きくて 1800より 小さい 数の 中で, 百のくらいの 数字が 十のくらいの 数字よりも 小さく, 一のくらいが 5の 数を ぜんぶ 書きましょう。

(　　　　　　　　)

✦✦✦ **できたらスゴイ！**

7 買い物を して 1000円さつを 1まい 出したら, 500円玉, 100円玉, 50円玉, 10円玉, 5円玉, 1円玉が それぞれ 1こずつの おつりが きました。買った 物は 何円でしたか。

(　　　　　　　　)

8 500円玉が 4こ, 100円玉が 6こ, 10円玉と 5円玉が あわせて 8こ, 1円玉が 5こ あって, ぜんぶで 2660円に なります。10円玉と 5円玉は それぞれ 何こ ありますか。

10円玉(　　　　　　), 5円玉(　　　　　　)

！ヒント

7 おつりは 500円玉, 100円玉, 50円玉, 10円玉, 5円玉, 1円玉が 1こずつだと 666円に なります。

8 500円玉が 4こ→2000円 ｜
100円玉が 6こ→ 600円 ｜ あわせて 2605円
1円玉が 5こ → 5円 ｜

2660円から 2605円を とると, のこりは 55円に なります。

「答えと考え方」を 読んで おさらいしよう！　51

13 数の あらわし方と しくみ ②

たしかめ よう ★ ★ ✦ ★ 標準レベル

数の線の 読み方や, 10000 と いう 数を 学ぼう。

れいだい1 数の線の 読み方

数の線を 見て, 答えましょう。

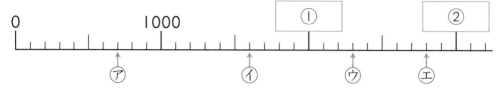

① いちばん 小さい 1目もりは いくつですか。 (　　　　　　)

② 上の 図の ①, ②は いくつですか。

①(　　　　　), ②(　　　　　)

③ 上の 図の ⑦, ⑦, ⑦, ⑦の 目もりが あらわす 数は いくつですか。

⑦(　　　　　), ⑦(　　　　　),

⑦(　　　　　), ⑦(　　　　　)

とき方 0から 1000までが 10こに 分かれて います。

1 □に あてはまる 数を 書きましょう。

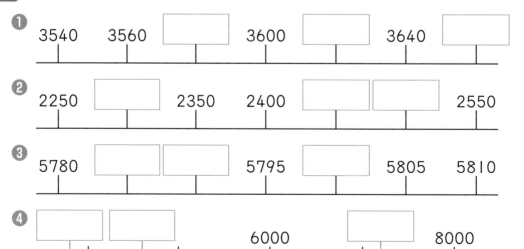

❶ 3540　3560　[　　]　3600　[　　]　3640　[　　]

❷ 2250　[　　]　2350　2400　[　　][　　]　2550

❸ 5780　[　　][　　]　5795　[　　]　5805　5810

❹ [　　][　　]　6000　[　　]　8000

11×19の かけ算は，答えが 209に なるよ。11と 19の 一のくらいの たし算を みると，答えは 10だね。十のくらいには 0が 入り，百のくらいに 1をたした 1+1=2が 入ると 考えると 11×18と 同じだね。

れいだい2 10000と いう 数

□に あてはまる 数を 書きましょう。

| 1000 | 1000 | 1000 | 1000 | 1000 | 1000 | 1000 | 1000 | 1000 | 1000 |

① 千を 10こ あつめた 数を 一万と いい，□ と 書きます。

② 9000は，あと □ で 10000に なります。

③ 10000より 1 小さい 数は □ です。

④ 10000は，100 を □ こ あつめた 数です。

とき方 1000が 10こで 10000，100が 100こで 10000に なります。

2 □に あてはまる ＞，＜を 書きましょう。

① 2315 □ 3315　　② 5909 □ 6008

③ 4867 □ 4678　　④ 8201 □ 8012

3 6400に ついて，□に あてはまる 数を 書きましょう。

① 6400は，□ と 400を あわせた 数です。

② 6400は，□ より 600 小さい 数です。

③ 6400は，100を □ こ あつめた 数です。

13 数の あらわし方と しくみ ②

ふかめよう ★★★ ハイレベル

1万までの 数の あらわし方 と しくみを 考えてみよう。

1 □に あてはまる 数を 書きましょう。

❶ 3640は, 3000と [　　　　] と 40を あわせた 数です。

❷ 4530は, 100を [　　] こ, 1を 30こ あつめた 数です。

❸ 7600は, [　　] を 70こ, [　　] を 60こ あつめた 数です。

❹ 10000は, 100を [　　　　] こ あつめた 数です。

❺ 5000より 10 小さい 数は, [　　　　] です。

❻ 7200より 10 小さい 数は [　　　　] です。

❼ [　　　　] より 15 大きい 数は 10000です。

2 □に あてはまる 数を 書きましょう。

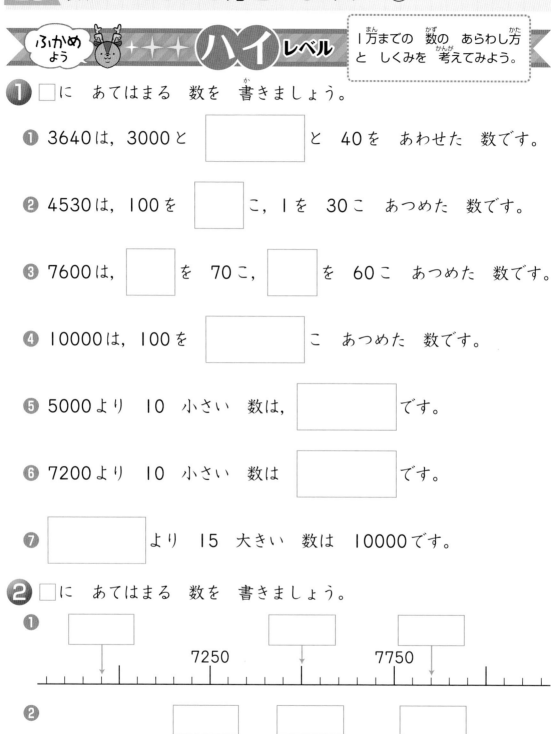

❶ [　　　] 7250 [　　　] 7750 [　　　]

❷ 8900 [　　　] [　　　] [　　　] 9000

❸ 9800 — [　　] — [　　] — 9920 — 9960 — [　　]

❸ 0から 9までの 数の 中で, □に あてはまる 数を ぜんぶ 書きましょう。

❶ 35□7 < 3546

(   )

❷ 6□43 > 6572

(   )

❸ 7342 < 7□31 < 7829

(   )

━━━━━ ✦✦✦ **できたらスゴイ！** ━━━━━

❹ 1, 3, 6, 8, 0の 5まいの カードの うち, 4まいの カードを つかって, 4けたの 数を つくります。次 (つぎ) に あてはまる 数を 書きましょう。

❶ いちばん 小さい 数   (   )

❷ 2番目 (ばんめ) に 大きい 数   (   )

❸ 百のくらいが 0で, いちばん 大きい 数   (   )

❹ 十のくらいが 8で, いちばん 小さい 数   (   )

❺ 7000に いちばん 近 (ちか) い 数   (   )

❻ 2450に いちばん 近い 数   (   )

❼ 10番目に 小さい 数   (   )

❗ヒント

❹ ❶ 4けたの 数の 千のくらいに 0は おけないので, 1を おき, 百 のくらいから 小さい じゅんに カードを ならべます。

❷ 千のくらいから 数の 大きい じゅんに ならべると, 8631が いちばん 大きい 数に なります。

❹ 十のくらいに 8, 千のくらいに 1を おきます。

14 たし算と ひき算

図に 数を 書いて どんな 計算に なるか 考えよう。

れいだい1 図に あらわして 考えよう⑴

りんごが 12こ ありました。何こか 買って きたので, ぜんぶで 25こに なりました。買って きた りんごは 何こですか。

① □に あてはまる 数を 書きましょう。

② 買って きた りんごの 数を もとめる しきと 答えを 書きましょう。

はじめに あった □ こ　　買って きた □ こ

ぜんぶで □ こ

しき

答え (　　　　　　　)

とき方 買って きた 数を □で あらわすと, 12+□=25 だから, □は 25−12で もとめられます。

---

1 えんぴつが 何本か ありました。15本 くばったので, のこりが 7本に なりました。えんぴつは, はじめに 何本 ありましたか。

❶ □に あてはまる 数を 書きましょう。

❷ はじめの えんぴつの 本数を もとめる しきと 答えを 書きましょう。

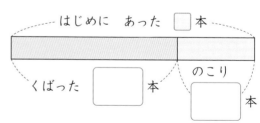

はじめに あった □本

くばった □ 本　のこり □ 本

しき

答え (　　　　　　　)

いがいと むずかしい 「時間」と 「時こく」の ちがい。時計の
はりを 思いうかべよう。はりが どこから どこまで すすんだ
かを あらわすのが 時間。何時何分で あらわされるのが 時こ
くだね。

れいだい2　図に あらわして 考えよう⑵

教室に 何人か いました。後から 16人 来たので, みんなで
30人に なりました。教室には, はじめに 何人 いましたか。

① □に あてはまる 数を 書きましょう。

はじめに いた □人　　　　　後から 来た [　　]人

みんなで [　　]人

② はじめに 教室に いた 人数を もとめる しきと 答えを
書きましょう。

しき　　　　　　　　　　　　　　　**答え** (　　　　　　　　　)

とき方 わからない 数を □に して テープの 図に あらわす
と, どこを もとめたら いいのか わかります。

---

2 シールが 25まい ありました。妹に 何まいか あげたので,
のこりが 16まいに なりました。

❶ □に あてはまる 数を 書きましょう。

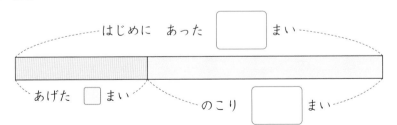

はじめに あった [　　]まい

あげた □まい　　　のこり [　　]まい

❷ 妹に あげた シールの まい数を もとめる しきと 答えを
書きましょう。

しき　　　　　　　　　　　　　　　**答え** (　　　　　　　　)

14 たし算と ひき算

ふかめ よう ★★★ ハイ レベル

> 文を 読んで じぶんで 図を かいてみて しきを つくって みよう。

❶ カードが 24まい ありました。何まいか 買って きたので, ぜんぶで 42まいに なりました。買って きた カードは 何まい ですか。

〈図を かきましょう〉

しき

答え（　　　　　）

❷ ちゅう車じょうに 車が 何台か とまって いました。後から 15台 入って きたので, ぜんぶで 35台に なりました。はじめに とまって いたのは, 何台でしたか。

〈図を かきましょう〉

しき

答え（　　　　　）

❸ みかんが 45こ ありました。何こか 食べたので, のこりが 37こに なりました。食べた みかんは 何こですか。

〈図を かきましょう〉

しき

答え（　　　　　）

④ 体育館に　男の子が　67人，女の子が　56人　います。
ぜんいんが，1人がけの　いすに　すわって　いったら，35人　すわれ
ませんでした。いすは　ぜんぶで　何こ　ありますか。
〈図を　かきましょう〉

しき

答え（　　　　　　　　　）

✦✦✦ できたらスゴイ！

⑤ 色紙が　23まい　ありました。きのう　11まい　つかい，その後
お母さんから　15まい，お姉さんから　何まいか　もらいました。
今日　16まい　つかったら，のこりが　20まいに　なりました。
お姉さんから　何まい　もらいましたか。

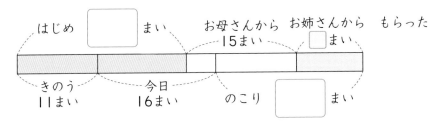

しき

答え（　　　　　　　　　）

❗ヒント
⑤ はじめに　あった　色紙と，お母さんと　お姉さんから　もらった　まい
数を　たすと，つかった　まい数に　のこりの　まい数を　たしたものと
同じに　なることから　考えます。

答え▶19ページ

15 分けた 大きさの あらわし方

たしかめよう ✦✦✦ 標準レベル

分数の あらわし方を たしかめよう。

れいだい1 　分数の あらわし方(1)

しかくの 形の 紙を, 半分に おって 切りました。

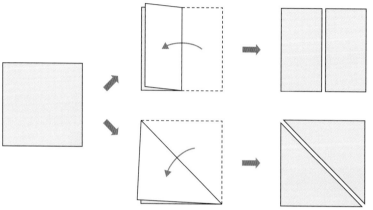

同じ 大きさに 2つに 分けた 1つ分を, もとの 大きさの

□分の一と いい, $\frac{1}{□}$ と 書きます。

とき方 $\frac{1}{2}$ のように あらわした数を 分数と いいます。

---

1 もとの 大きさの $\frac{1}{2}$ は ⑦と ⑦の どちらですか。

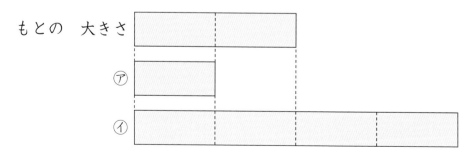

（　　　　　　）

1cmを 100こ あつめると，1mに なるね。「cm」の 「c」は 「センチ」と 読むよ。センチは 「100の うちの 1こ分」という いみの ことばだよ。

れいだい2　分数の あらわし方(2)

しかくの 形の 紙を 半分に おって，それを また 半分に おって 切りました。

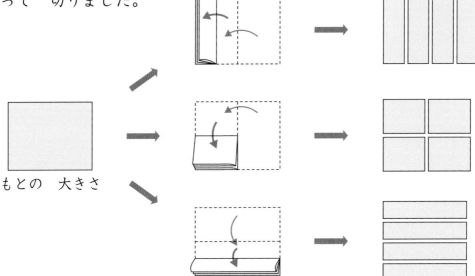

もとの 大きさ

同じ 大きさに 4つに 分けた 1つ分を，もとの 大きさの

分の一と いい，　$\frac{1}{}$　と 書きます。

とき方 4つに 分けた 1つ分は $\frac{1}{4}$ です。

2 しかくの 形の 紙を 同じ 大きさに おって いきます。色を ぬった ところの 大きさは，もとの 大きさの 何分の一ですか。

❶　　　　　❷　　　　　❸

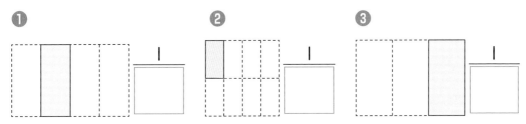

答え▶19ページ

15 分けた 大きさの あらわし方

ふかめよう ★★★ ハイレベル

いくつ分に 分けた いくつ分かを 考えて, 分数に あらわそう。

1 しかくの 形の 紙を 同じ 大きさに おって 切りました。
切った 1つ分の 大きさは, もとの 大きさの 何分の一ですか。

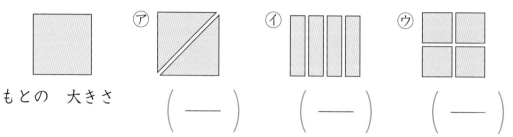

もとの 大きさ 　　⑦ (──) 　⑦ (──) 　⑦ (──)

2 次の 大きさに 色を ぬりましょう。

❶ $\frac{1}{2}$ の 大きさ

❷ $\frac{1}{4}$ の 大きさ

❸ $\frac{1}{8}$ の 大きさ

❹ $\frac{1}{3}$ の 大きさ

3 紙を 同じ 大きさに 切って いきます。色の ついた ところは,
もとの 長さの 何分の一ですか。

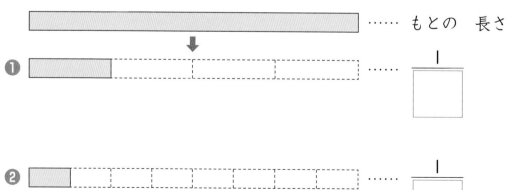

…… もとの 長さ

❶ …… $\frac{1}{\boxed{}}$

❷ …… $\frac{1}{\boxed{}}$

4 同じ テープを つないだ 4つの テープの 長さを くらべます。

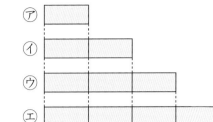

1 ⑦の テープの 長さは, ⑦の
テープの 長さの 何倍ですか。

（　　　　　）

2 ⑦の テープの 長さは, ⑤の
テープの 長さの 何分の一ですか。

（　　　　　）

3 ⑤の テープの 長さは, ⑦の テープの 長さの 何倍ですか。

（　　　　　）

4 ⑦の テープの 長さは, ⑤の テープの 長さの 何分の一です
か。

（　　　　　）

✦✦✦ できたらスゴイ！

5 同じ 大きさに 分かれて います。色を ぬった ところは
ぜん体の 何分の何ですか。分数で 書きましょう。

1 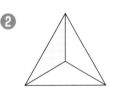　**2**　**3** 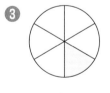　**4**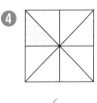

（　　）　　　（　　）　　　（　　）　　　（　　）

5 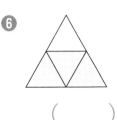　**6** 　**7** 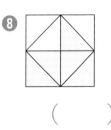　**8**

（　　）　　　（　　）　　　（　　）　　　（　　）

！ヒント
5 それぞれの 図を 同じ 大きさに 「いくつ」に 分けた うちの
「いくつ分」かを 読みとります。

? まほうじんを つくって みよう！

ますの 中に 数字が
書かれて います。ますには
1から 9までの 数字が
1つずつ 入ります。

6	7	2
1	5	9
8	3	4

よこに ならんだ 3つの
数字の たし算を すると
すべて 答えが 15に なります。

6	7	2	⇨ 6+7+2=15
1	5	9	⇨ 1+5+9=15
8	3	4	⇨ 8+3+4=15

たてに ならんだ 3つの 数字の たし算も
すべて 答えは 15です。

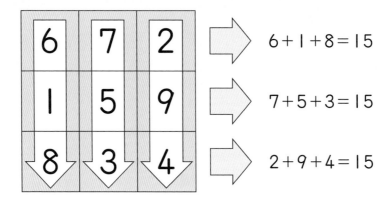

6+1+8=15

7+5+3=15

2+9+4=15

ななめの 3つの 数字を たし算しても
同じように 答えは 15です。

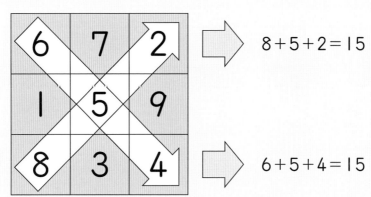

8＋5＋2＝15

6＋5＋4＝15

たてと よこと ななめの あわせて 8つの
たし算が すべて 同じ 答えに なる 数字の
ますの ことを, **まほうじん**と いいます。

まほうじんに なるのは 1つだけでは ありません。
下の ❶と ❷のように 数字が 書かれて いるとき,
1から 9の のこりの 数字を 入れて まほうじんを
つくりましょう。

❶

	9	
	5	
8	1	

❷

4		
2		6

！ヒント
❷ まほうじんに なるときは 6＋7＋2＝15と 答えが すべて 15に
なって いる ことから 考えましょう。

16 長さの たんい

答え▶21ページ

たしかめよう ★ ★ ★ 標準レベル

長さの あらわし方や
たんいを たしかめよう。

れいだい1 長さの あらわし方

ものさしの 左はしから，**ア**，**イ**，**ウ**までの 長さは，それぞれ
どれだけですか。

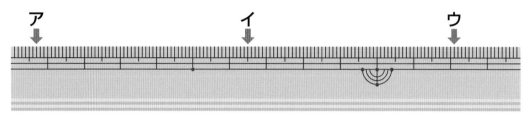

ア □ mm イ □ cm □ mm ウ □ cm □ mm

とき方 1cmを 同じ 長さに，10に 分けた 1つ分の 長さを
1ミリメートルと いい，1mmと 書きます。

1 あ，い，うの テープの 長さは 何cm何mmですか。

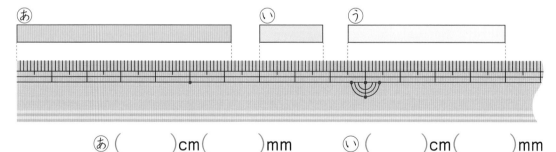

あ（　　　）cm（　　　）mm　　　い（　　　）cm（　　　）mm

う（　　　）cm（　　　）mm

2 □に あてはまる 数を 書きましょう。

❶ 3cm = □ mm

❷ 80mm = □ cm

❸ 5cm4mm = □ mm

❹ 62mm = □ cm □ mm

1mmを　10こ　あつめると，10mm＝1cmに　なるね。1cmが
100こ　あつまると，1000mmに　なる。これは　1mだね。
「mm」の　1つめの　「m」は　「ミリ」と　読むよ。これは
「1000の　うちの　1こ分」だよ。

れいだい2　長さの　計算

計算を　しましょう。

① 8cm5mm＋6cm＝ ☐ cm ☐ mm

② 12cm7mm－8cm＝ ☐ cm ☐ mm

とき方　cmどうし，mmどうしを　計算します。

---

3 計算を　しましょう。

❶ 13cm5mm＋4cm＝ ☐ cm ☐ mm

❷ 12cm6mm－7cm＝ ☐ cm ☐ mm

❸ 5cm＋9cm4mm＝ ☐ cm ☐ mm

❹ 7cm9mm－6cm＝ ☐ cm ☐ mm

❺ 5cm＋11cm3mm＝ ☐ cm ☐ mm

❻ 8cm6mm－5mm＝ ☐ cm ☐ mm

❼ 15cm3mm＋4cm5mm＝ ☐ cm ☐ mm

❽ 10cm6mm－7cm2mm＝ ☐ cm ☐ mm

答え▶21ページ

16 長さの たんい

長さの たんいや 長さの
計算の しかたを 考えよう。

❶ □に あてはまる 数を 書きましょう。

❶ 1cmが 8つ分の 長さは ☐ cm

❷ 1cmが 3つ分と 1mmが 7つ分で ☐ cm ☐ mm

❸ 1mmが 10こ分 あつまった 長さは ☐ cm

❹ 5cm= ☐ mm   ❺ 7cm6mm= ☐ mm

❻ 14cm= ☐ mm   ❼ 90mm= ☐ cm

❽ 200mm= ☐ cm   ❾ 453mm= ☐ cm ☐ mm

❷ 計算を しましょう。

❶ 17mm+23mm= ☐ cm

❷ 48mm−18mm= ☐ cm

❸ 4cm7mm+2cm9mm= ☐ cm ☐ mm

❹ 18cm3mm−6cm8mm= ☐ cm ☐ mm

❺ 24cm−5cm9mm−36mm= ☐ cm ☐ mm

❸ 1本の　テープを　はしから　35cm4mm　切りとると，のこりの
テープは　切りとった　テープより　23cm6mm　長くなりました。
切る　前の　テープは　何cm何mm　ありましたか。

しき

答え（　　　　　　　　　　）

❹ 赤い　テープは　45cm6mmで，青い　テープは　赤い　テープより
25cm　みじかいです。この　赤い　テープと　青い　テープを，つな
ぎ目を　5cm　かさねて　1本の　テープに　する　とき，長さは
何cm何mmに　なりますか。

しき

答え（　　　　　　　　　　）

━━━ ✦✦✦ できたらスゴイ！ ━━━

❺ 何cmかの　紙テープが　あって，まず　それを　半分に　切ります。
次に　切った　紙テープを　その　長さの　半分より　20cm　長く
切った　ところ，みじかい　ほうは　110cmに　なりました。はじめに
紙テープの　長さは　何cm　ありましたか。

しき

答え（　　　　　　　　　　）

！ヒント
　❺　はじめの　紙テープの　半分の　半分の　長さは，110cm＋20cmに
　　なります。はじめの　長さは，半分の　長さの　2つ分に　なります。

17 長い ものの 長さの たんい

たしかめ よう  ✦✦✦ 標準レベル

cmよりも 長い 長さの たんいを たしかめよう。

れいだい1 長い 長さの あらわし方

下の テープの 長さは 何cmですか。また, 何m何cmですか。

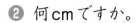

30cm

[　　　] cm,　[　　　] m [　　　] cm

とき方 100cm＝1mです。

1 右の せの 高さを あらわしましょう。

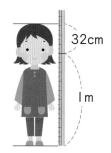

32cm

1m

❶ 何m何cmですか。

（　　　　　　　　）

❷ 何cmですか。

（　　　　　　　　）

2 □に あてはまる 数を 書きましょう。

❶ 300cm＝[　　　] m

❷ 6m＝[　　　] cm

❸ 4m30cm＝[　　　] cm

❹ 508cm＝[　　　] m [　　　] cm

3 リビングの よこの 長さを はかったら, 1mの ものさしで ちょうど 7つ分でした。リビングの よこの 長さは 何mですか。また, 何cmですか。

[　　　] m,　[　　　] cm

算数　まめちしき

成人式の　おいわいは　20才だね。10才の　おいわいは　なんと
いうか　わかるかな？　「二分の一成人式」だよ。20の　半分が
10だからだね。

れいだい2　長さの　計算

計算を　しましょう。

① 1m20cm＋60cm＝ ☐ m ☐ cm

② 6m40cm－3m＝ ☐ m ☐ cm

とき方 mどうし，cmどうしを　計算します。

---

4 計算を　しましょう。

❶ 5m30cm＋4m＝ ☐ m ☐ cm

❷ 12m60cm－7m＝ ☐ m ☐ cm

❸ 3m20cm＋40cm＝ ☐ m ☐ cm

❹ 7m90cm－56cm＝ ☐ m ☐ cm

❺ 2m30cm＋5m50cm＝ ☐ m ☐ cm

❻ 8m70cm－5m40cm＝ ☐ m ☐ cm

❼ 12m40cm＋6m55cm＝ ☐ m ☐ cm

❽ 25m60cm－13m50cm＝ ☐ m ☐ cm

17 長い ものの 長さの たんい

mを つかった 長さの 計算
の しかたを 考えよう。

① ㋐〜㋒の ロープの 長さは 何m何cmですか。

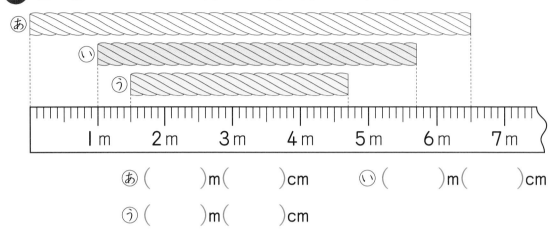

㋐ (　　　)m(　　　)cm　　㋑ (　　　)m(　　　)cm

㋒ (　　　)m(　　　)cm

② □に あてはまる 数を 書きましょう。

❶ 1mが 7つ分の 長さは □ m

❷ 1mが 5つ分と 10cmが 8つ分で □ m □ cm

❸ 600cm= □ m

❹ 7m39cm= □ cm

❺ 14m= □ cm

❻ 1804cm= □ m □ cm

③ 計算を しましょう。

❶ 825cm－325cm= □ m

❷ 1m60cm＋57cm= □ m □ cm

❸ 8m12cm－5m27cm= □ m □ cm

④ 花だんの　たての　長さは　1m50cmです。よこの　長さは　たての　長さの　2つ分より　15cm　みじかいそうです。

よこの　長さは　何m何cmですか。

しき

答え（　　　　　　　）

━━━━ ✦✦✦ **できたらスゴイ！** ━━━━

⑤ 長さが　125cmの　紙テープ　3本と，185cmの　紙テープ　2本を　5cmずつ　かさねて　1本の　テープに　しました。

ぜん体で　何m何cmに　なりましたか。

しき

答え（　　　　　　　）

⑥ 赤い　テープの　長さは　1m75cmで，白い　テープより　90cm　長く，青い　テープより　85cm　みじかいそうです。

この　赤，白，青の　3つの　テープの　つなぎ目を　5cmに　して　1本の　テープに　します。この　テープの　長さは　何m何cmですか。

しき

答え（　　　　　　　）

！ヒント

⑤ 5cm　かさねて　つなげると，かさなる　ぶぶんは　4かしょに　なり，5本の　テープを　あわせた　長さより　20cm　みじかくなります。

⑥ 右の　図の　ように　なります。

赤		白	〜		青

　5cm　　　　　　　　　　5cm

18 水の かさの たんい

たしかめ
よう ✦✦✦ 標準 レベル

かさの たんい dL, L, mLを
たしかめよう。

れいだい1 水の かさの たんい

□に あてはまる 数を 書きましょう。

① ペットボトルの 水の かさは,

1dLの □ つ分で, □ dL です。

② 紙パックに 入る 水のかさは,

□ L □ dL です。

1Lは □ dL です。

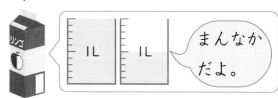

まんなか
だよ。

③ 1dLより 少ない かさを あらわす たんいに

mL(ミリリットル)が あります。1000mLは □ L です。

とき方 1L=10dL, 1L=1000mL です。

1 水の かさは どれだけですか。

❶

❷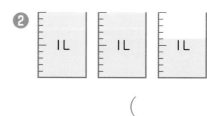

( ) ( )

2 □に あてはまる 数を 書きましょう。

❶ 1Lます 4つ分の かさは □ L です。

❷ 1dLます 10ぱいの 水の かさは □ L です。

❸ 1Lと 同じ 大きさの かさは □ mL です

時計が　右回り　なのは，北から　見た　ときに，立てた　ぼうに
できる　かげの　うごきが　右回り　だったからだよ。たいよう
が　うごくと　かげも　うごいて　いくからね。

れいだい2　かさの　計算

計算を　しましょう。

① 3L5dL＋4L3dL＝ □ L □ dL

② 6L4dL－3L2dL＝ □ L □ dL

とき方　Lどうし，dLどうしを　計算します。

---

3 計算を　しましょう。

❶ 5L7dL＋4L＝ □ L □ dL

❷ 12L5dL－7L＝ □ L □ dL

❸ 9L5dL＋7L4dL＝ □ L □ dL

❹ 15L8dL－7L6dL＝ □ L □ dL

4 （　）に　あてはまる　たんいを　L，mL，dLの　中から　えらんで
書きましょう。

❶ 牛にゅうパックに　牛にゅうが　1000（　　）入って　います。

❷ バケツ　いっぱいに　入って　いる　水の　かさは　5（　　）です。

❸ 水とう　いっぱいに　入って　いる　水の　かさは　7（　　）です。

❹ ジュースの　かんに　ジュースが　350（　　）入って　います。

18 水の かさの たんい

ふかめよう ★★★ ハイ レベル

dL, L, mLの 計算の しかた を 考えよう。

1 □に あてはまる 数を 書きましょう。

❶ 1dLと 同じ 大きさの かさは □ mL

❷ 50dL = □ L

❸ 4L3dL = □ dL

❹ 350mL = □ dL □ mL

❺ 2L = □ mL

2 計算を しましょう。

❶ 3L4dL＋1L8dL = □ L □ dL

❷ 7L－3L8dL = □ L □ dL

❸ 1230mL－830mL = □ dL

❹ 2L5dL＋900mL = □ L □ dL

❺ 2L850mL＋470mL = □ L □ mL

❻ 52dL－3L8dL = □ L □ dL

❼ 6L1dL－1600mL = □ L □ dL

❽ 1520mL＋1L4dL = □ L □ dL □ mL

③ □に あてはまる ＞，＜，＝の しるしを 書きましょう。

❶ 4L □ 39dL

❷ 800mL □ 8dL

❸ 1L3dL □ 1320mL

❹ 2050mL □ 25dL

❺ 510mL □ 5dL7mL

❻ 34dL □ 3L400mL

④ お茶が 2L，ジュースが 18dL，牛にゅうが 980mL あります。

❶ この 3つの 飲み物を あわせると，何mLに なりますか。

しき

答え（　　　　　　　　）

❷ ジュースと 牛にゅうを あわせると，お茶より 何mL 多く なりますか。

しき

答え（　　　　　　　　）

✦✦✦ できたらスゴイ！

⑤ オレンジジュースが 930mL あります。りんごジュースは オレンジジュースより 270mL 少なく，トマトジュースより 180mL 多く あります。トマトジュースは 何mL ありますか。

しき

答え（　　　　　　　　）

！ヒント

⑤ 右の 図の ように なります。

「答えと考え方」を 読んで おさらいしよう！ 77

19 グラフと ひょう

答え▶25ページ

たしかめ よう ✦ ✦ ✦ 標準レベル

> グラフと ひょうに せいりして 考えよう。

れいだい 数しらべ

2年1組で おりがみを おります。
すきな 色と おる形を カードに 書き出しました。

かぶと　風車　つる　セミ　コップ

赤	黄色	青	緑	ピンク	黄色	赤
つる	セミ	かぶと	風車	つる	かぶと	コップ

赤	青	黄色	赤	青	赤	青
かぶと	コップ	セミ	つる	セミ	コップ	風車

緑	青	ピンク	赤	黄色	ピンク
つる	かぶと	風車	セミ	つる	コップ

① 右の グラフに ○を
つかって 人数を
あらわしましょう。

② 青を えらんだ 人は

　　　　人です。

③ グラフの 人数を
下の ひょうに
あらわしましょう。

えらんだ 色と 人数

赤	黄色	青	緑	ピンク

えらんだ 色と 人数

色	赤	黄色	青	緑	ピンク
人数					

とき方 グラフに せいりしてから ひょうに します。

算数
まめちしき

立てた　ぼうに　できた　かげを　つかって　時間を　あらわす
ことが　あるよ。「日時計」と　いうんだ。

1 れいだいの　グラフと　ひょうを　見て　答えましょう。

❶ 人数が　いちばん　多い　色は　何ですか。

（　　　　　　　）

❷ 人数が　いちばん　少ない　色は　何ですか。

（　　　　　　　）

❸ 黄色と　ピンクの　人数の　ちがいは　何人ですか。

（　　　　　　　）

2 れいだいで　書き出した　カードを　つかって，おる形に　ついて
考えましょう。

❶ 右の　グラフに　○を
つかって　人数を
あらわしましょう。

❷ セミを　えらんだ　人は

□人です。

❸ グラフの　人数を
下の　ひょうに
あらわしましょう。

えらんだ　形と　人数

つる	セミ	かぶと	風車	コップ

えらんだ　形と　人数

形	つる	セミ	かぶと	風車	コップ
人数					

❹ つるを　えらんだ　人は　風車を　えらんだ　人より　何人　多い
ですか。

（　　　　　　　）

19 グラフと ひょう

ふかめよう ★★★ ハイ レベル

いろいろな ひょうを 正しく 読みとることが できるかな?

❶ クラスで 1人ずつ 赤と 青の 2つの さいころを なげる ゲームを しました。下の ひょうは 出た 目の 人数を まとめた ものです。

❶ ⚃ が 出た 人は 何人ですか。

( )

❷ 2つとも 同じ 目の 数が 出た 人は 何人ですか。

( )

❸ 赤い さいころの ほうが 青い さいころより 出た 目の 数が 大きかった 人は 何人ですか。 ( )

	●	⚁	⚂	⚃	⚄	⚅
●	2		2	3	1	1
⚁		1	1	1	1	2
⚂	2		1	1	2	1
⚃		3	2	2	1	
⚄	1	1	1			2
⚅	1	2		1		1

❷ 右の ひょうは, とおるさんの クラスで いちばん すきな くだものを 「正」の 字で 人数を 数えて まとめたものです。 たとえば, ももの 人数は 「正」を 5で, 「正」を 4で あらわすので, 5+4=9(人) です。

すきな くだもの

くだもの	人数(人)
もも	正 正
りんご	正 一
ぶどう	正 丅
バナナ	正 正 丅
そのた	正

❶ すきな 人が 3番目に 多かった くだものは 何ですか。

( )

❷ りんごが すきな 人と バナナが すきな 人の ちがいは 何人ですか。

( )

❸ この クラスは 何人ですか。 ( )

❸ 右の ひょうは, ゲームを 2回した ときの 人数を まとめたものです。たとえば, 色の ついた ところは 1回目が 2点, 2回目が 3点だった 人が 4人 いる ことを あらわして います。

❶ 1回目も 2回目も 同じ 点の 人は 何人 います か。　（　　　　　）

❷ 1回目より 2回目のほうが 点の 高い 人は 何人 いますか。
（　　　　　　）

ゲームの けっか　　　（人）

2回目＼1回目	0点	1点	2点	3点	4点	5点
0点	1	1				
1点	2	1	1	1		
2点		1	3	5		
3点			4	1	2	
4点				2	3	1
5点				1	1	2

★★★ できたらスゴイ！

❹ まもるさんたちは, さいころなげゲームを 6回 しました。出た 目の 数が いちばん 大きい 人が ぜんいん 7点, いちばん 小さい 人が ぜんいん 5点, ほかの 人が ぜんいん 3点に なります。

❶ ひょうの 合計を 書きましょう。

❷ ゲームを つづけた ところ, 8回目で 5人の 合計が 同じに なりました。まもるさんは, 7回目も 8回目も ⚁ が 出て, 点数も 同じでした。あやかさんと ひろきさんが 7回目と 8回目に 出した 目の 数は いくつですか。　あやか（　　,　　）　ひろき（　　,　　）

出た 目の 数

人＼回	1	2	3	4	5	6	合計
まもる	⚄	⚃	⚁	⚁	⚄	⚀	
あやか	⚂	⚄	⚁	⚂	⚀	⚄	
しんじ	⚄	⚀	⚂	⚃	⚃	⚂	
なつき	⚄	⚃	⚂	⚅	⚂		
ひろき	⚁	⚄	⚃	⚄	⚀	⚄	

！ヒント

❹❶ まもるさんは, 1回目と 5回目では いちばん 大きいので 7点, 3回目と 6回目では いちばん 小さいので 5点, そのほかの 2回目と 4回目では 3点に なります。

20 時こくと 時間

答え▶26ページ

たしかめ よう　★　★　★　標準レベル

午前と 午後の 時こくを
たしかめよう。

れいだい1 　午前と 午後

右の 絵を 見て 答えましょう。

朝 おきた 時こく

① 朝 おきた 時こくを 午前
　午後を つけて 書きましょう。

（　　　　　　　　　　）

② 家に 帰った 時こくを 午前
　午後を つけて 書きましょう。

家に 帰った 時こく

（　　　　　　　　　　）

とき方　1日の 時間は 午前が 12時間, 午後が 12時間です。
1日は 24時間です。

1 次の 時計の 時こくを 午前, 午後を つけて 書きましょう。

❶　　　　　　　　　　　　　　❷

朝  　　　夜

（　　　　　　　）　　（　　　　　　　）

算数 まめちしき

大むかしは　あなが　あいた　入れものの　中に　水を　入れて，
水が　そとに　出た　量（りょう）で　時間を　はかって　いたんだよ。
水時計（みずどけい）　っていうんだ。

れいだい2 午前から　午後に　またがる　時間

家を　出てから　帰るまでの　時間は　何時間（なんじかん）ですか。

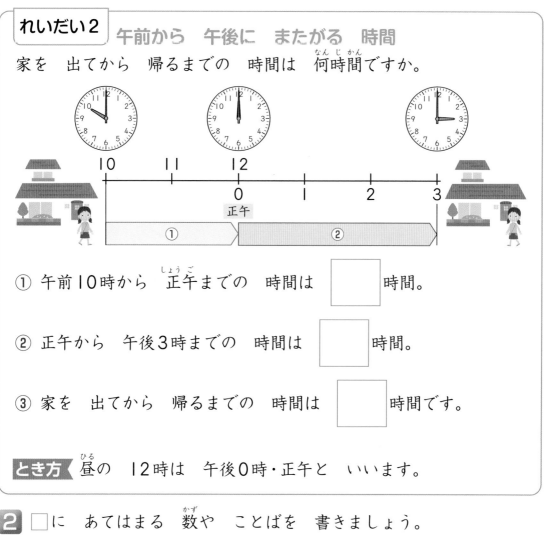

正午

① 午前10時から　正午（しょうご）までの　時間は □ 時間。

② 正午から　午後3時までの　時間は □ 時間。

③ 家を　出てから　帰るまでの　時間は □ 時間です。

とき方 昼（ひる）の　12時は　午後0時・正午と　いいます。

---

2 □に　あてはまる　数（かず）や　ことばを　書きましょう。

❶ 1時間は □ 分です。

❷ 午前は □ 時間，午後は □ 時間です。

❸ 夜の　12時の　ことを □ 0時と　いいます。

❹ 午後0時は □ とも　いいます。

20 時こくと 時間

答え▶26ページ

ふかめ
よう ★★★ ハイ レベル

午前，午後の 時こくと 時間を 正しく もとめられるように しよう。

❶ 次の 時計の 時こくを 午前，午後を つけて 書きましょう。

❶ 朝

❷ 夜

(   )   (   )

❸ 夕方

❹ 夜

(   )   (   )

❷ □に あてはまる 数を 書きましょう。

❶ 午前7時の 6時間後は 午後 ☐ 時です。

❷ 午後3時30分の 4時間30分後は 午後 ☐ 時です。

❸ 午後4時20分の 7時間前は 午前 ☐ 時 ☐ 分です。

❹ 午前9時15分から 午前11時40分までの 時間は

☐ 時間 ☐ 分です。

❸ 下の 時計は, 同じ 日の ものです。何時間何分 たちましたか。

❶

❷

( ) ( )

━━━━━ ★★★ できたらスゴイ！ ━━━━━

❹ はるなさんは 買い物に 行きました。はるなさんの 家から
店まで 25分 かかります。

❶ はるなさんは 家を 出て, とちゅうの 公園で ともだちと
会って 15分 おしゃべりを しました。それから 店に むか
い, 店に ついたのは 午後3時の 10分前でした。はるかさんが
家を 出たのは 何時何分ですか。

しき

答え ( )

❷ ❶の 後, 店には 45分 いて 家に 帰りました。とちゅうの
公園で 10分 休けいを しました。家に ついたのは 何時何分
ですか。

しき

答え ( )

❗ヒント
❹ ❶ 午後3時の 10分前は 午後2時50分です。
　❷ 店に いた 45分と 公園で 休けいした 10分, 店から 家まで
　　に かかる 25分を あわせて, 80分 かかります。午後2時50分か
　　ら 80分 たった 時こくを もとめます。

答え▶27ページ

21 長方形と　正方形

たしかめ
よう

標準レベル

三角形，四角形，長方形，正方形，直角三角形の　形を
たしかめよう。

れいだい1　三角形と　四角形

下の　図を　見て　記号で　答えましょう。

① 直線だけで　かこまれた　形は　どれですか。

(　　　　　　　　　　)

② 三角形は　どれですか。

(　　　　　　　　　　)

③ 四角形は　どれですか。

(　　　　　　　　　　)

とき方 3本の　直線で　かこまれた　形を　**三角形**，4本の　直線
で　かこまれた　形を　**四角形**と　いいます。

---

1 (　)に　あてはまる　ことばを　書きましょう。

❶ まっすぐな　線を　(　　　　　)と　いいます。

❷ 三角形や　四角形の　かどの　点を　(　　　　　)と　いいます。

❸ 三角形や　四角形の　直線の　ところを　(　　　　　)と
いいます。

大むかしの エジプトで, たいようが ちょうど 南に きた と きから, 次に ちょうど 南に くるまでの 時間を 1日と し たんだよ。たいようが ちょうど 南に あることを 「南中」と いうよ。

れいだい2　長方形と　正方形

下の 形の 中から 長方形, 正方形, 直角三角形を えらんで 記 号で 答えましょう。

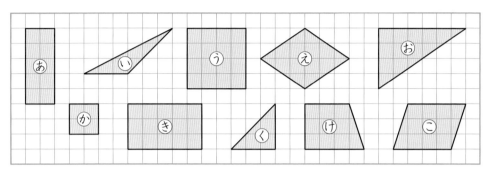

① 長方形　　　　　② 正方形　　　　　③ 直角三角形
　　（　　　　　）　　（　　　　　）　　（　　　　　）

とき方 4つの かどが みんな 直角に なって いる 四角形を **長方形**, 4つの かどが みんな 直角で 4つの へんの 長さ が みんな 同じに なって いる 四角形を **正方形**と いいま す。直角の かどが ある 三角形を **直角三角形**と いいます。

2 （　）に あてはまる ことばを 書きましょう。

❶ 右の 三角じょうぎの ⑦や ⑦のような かどの 形を （　　　　　）と いいます。

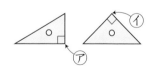

❷ 4つの かどが みんな 直角に なって いる 四角形を （　　　　　）と いいます。

❸ 4つの かどが みんな 直角で, 4つの へんの 長さが みんな 同じに なって いる 四角形を （　　　　　）と いいます。

答え▶28ページ

21 長方形と 正方形

ふかめよう ★★★ ハイレベル

長方形や 正方形，直角三角形を 分けたり，組み合わせる もんだいを 考えよう。

① ひょうに あてはまる 数を 書きましょう。

	直角の 数	ちょう点の 数	へんの 数
正方形	つ	つ	本
直角三角形	つ	つ	本
長方形	つ	つ	本

② 点線で 切ると，どんな 形に 分けられますか。

❶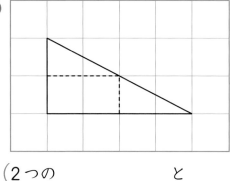

❷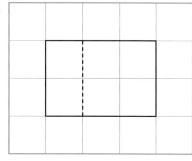

（2つの　　　　と　　　　）　（　　　　と　　　　）

③ 右の 図を 見て 答えましょう。

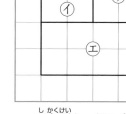

四角形を 組み合わせて できる 形も 正方形や 長方形に 数えます。

❶ ⑦は ⑦の いくつ分ですか。

（　　　　　）

❷ ㋔は ㋑の いくつ分ですか。

（　　　　　）

❸ この 図は ㋑の いくつ分ですか。

（　　　　　）

❹ この 図の 中には 正方形は いくつ ありますか。

（　　　　　）

❺ この 図の 中には 長方形は いくつ ありますか。

（　　　　　）

④ 次の 形の まわりの 長さは 何cmですか。

❶ １つの へんの 長さが ３cmの 正方形

(　　　　　　)

❷ ❶の 正方形を ２つ ならべて できる 長方形

(　　　　　　)

❸ たて ４cm，よこ ２cmの 長方形

(　　　　　　)

⑤ 下の ⑦から ㋛の 三角形の うち，どれと どれを 組み合わせると，長方形や 正方形に なりますか。

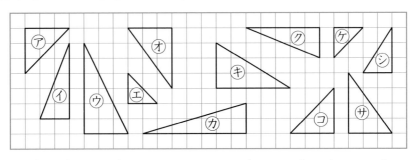

(　　　)と(　　　)で 長方形　　(　　　)と(　　　)で 正方形

(　　　)と(　　　)で 長方形　　(　　　)と(　　　)で 正方形

✦✦✦ できたらスゴイ！

⑥ 長方形の たてと よこと ななめに 線を ひきました。この 中に 直角三角形は 何こ ありますか。

❶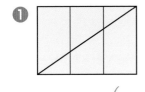

(　　　　　　　　)

❷

(　　　　　　　　)

！ヒント

⑤ それぞれの 三角形の 直角を はさむ ２つの へんの 長さを よく 見て，正しい 組み合わせを 見つけましょう。

⑥ 直角の 部分に 目を つけて，かさなる 図形も 見つけます。

「答えと 考え方」を 読んで おさらいしよう！　　**89**

22 はこの 形

たしかめ よう ✦ ✦ ✦ 標準 レベル

> はこの 形の 面, へん, ちょう点の 数を たしかめよう。

れいだい1 面の 形や 数

はこの 面の 形を うつしとりました。

① うつしとった 面の 形は 何と いう 四角形ですか。

( )

② 面は いくつ ありますか。

(つ)

③ 同じ 形の 面は, いくつずつ ありますか。

(つずつ)

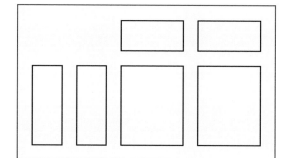

とき方 うつしとった 面の 形は 長方形です。同じ 形の 面が 2つずつ 3組あります。

1 さいころの 形の はこの 面を うつしとりました。

❶ うつしとった 面の 形は, 何と いう 四角形ですか。

( )

❷ 同じ 形の 面は いくつ ありますか。

( )

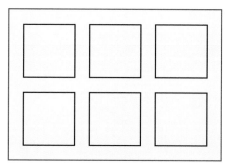

2 組み立てると, ㋐から ㋒の どの はこが できますか。

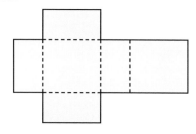

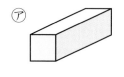
㋐

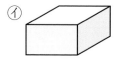
㋑

㋒

( )

算数まめちしき

むかし，ハンカチは 三角形(さんかくけい)や 長方形(ちょうほうけい)など いろいろな 形が あったんだよ。フランスの マリー・アントワネット という 人が ハンカチの 形を 正方形に するように きめたんだって。

れいだい2　はこの 形の へんや ちょう点

ひごと ねん土玉を つかって，はこの 形を つくります。□に あてはまる 数を 書(か)きましょう。

① どんな 長(なが)さの ひごを 何本ずつ ようい すれば よいですか。

●6cm □ 本　　●8cm □ 本　　●15cm □ 本

② ねん土玉は □ こ いります。

とき方 はこの 形には，へんが 12，ちょう点が 8つ あります。

---

3 ねん土玉と ひごを つかって，右のような はこの 形を つくります。

❶ ねん土玉は 何こ いりますか。(　　　　)

❷ ひごは それぞれ 何本 いりますか。

2cm(　　　)　4cm(　　　)　6cm(　　　)

4 右のような はこが あります。

❶ ⑦，④の 面の 形は それぞれ どんな 形ですか。

⑦(　　　)　④(　　　)

❷ ⑦，④の 形の 面は それぞれ いくつ ありますか。

⑦(　　　)　④(　　　)

❸ ④の 面の まわりの 長さは 何cmですか。　(　　　)

22 はこの 形

答え▶29ページ

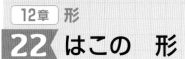

ふかめよう ★★★ ハイ レベル

はこの 形を つくったり，組み立てたりして 考えてみよう！

❶ 次の ❶から ❸の 形を 切りひらくと，下の ⑦から ⑰の どの 形に なりますか。

 ❶

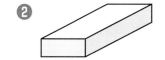 ❷

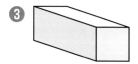 ❸

(   )   (   )   (   )

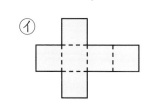

⑦   ⑦   ⑰

❷ ねん土玉と ひごを つかって，右のような ⑦と ⑦の はこの 形を つくります。

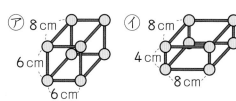

❶ ねん土玉と ひごは ぜんぶで いくつ いりますか。

ねん土玉(   )   8cmの ひご(   )

6cmの ひご(   )   4cmの ひご(   )

❷ ⑦を かさねて 右のような はこの 形を つくるには，ねん土玉と ひごは いくつ いりますか。

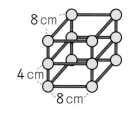

ねん土玉(   )

8cmの ひご(   )   4cmの ひご(   )

❸ ⑦から ⑪の うち，組み立てても はこの 形に ならないものを
えらんで 記号を 書きましょう。

⑦ 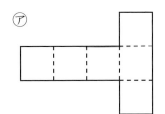　　　イ 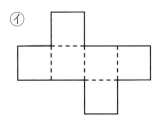　　　ウ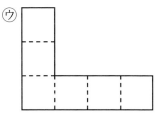

エ 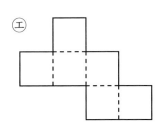　　　オ 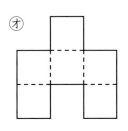　　　⑪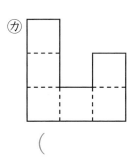

（　　　　　　　　）

✦✦✦ できたらスゴイ！

❹ はこの 形を つくるには，
⑦から ⑪の うち，どれを
何こ つかえば よいですか。
（ ）に 記号を，□に 数を
書きましょう。

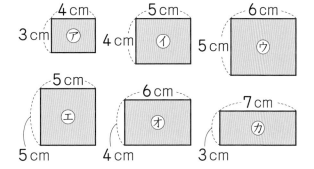

❶ （　　　）が [　　　] こ

❷ （　　　）と （　　　）と （　　　）が [　　　] こずつ

❸ （　　　）が [　　　] ことと （　　　）が [　　　] こ

❹ （　　　）が [　　　] ことと （　　　）が [　　　] こ

⚠ヒント

❹ それぞれの へんの 長さに ちゅういして 組み合わせます。
　❶ 6つの 面 すべてが 正方形の さいころの 形。
　❷ 2つずつ 3組の 長方形から できた はこの 形。
　❸，❹は，正方形の 面が 2つと，長方形の 面が 4つ ある はこの 形。

「答えと考え方」を 読んで おさらいしよう！　　93

思考力育成問題

答え▶30ページ

おり紙を おったり, 切ったりして できる 形を 考えるよ。

？ ✏ 🔍 どんな 形が できるかな！

① 正方形の おり紙を 2つに おって, 切りぬきました。 おり紙を ひらくと どんな 形が できますか。右から えらび, 線で むすびましょう。

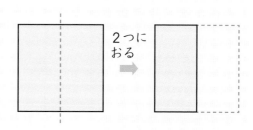

2つに おる

⑦ 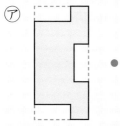 •

•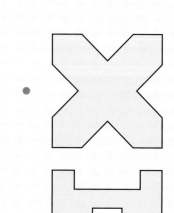

⑦ 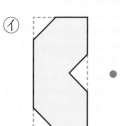 •

•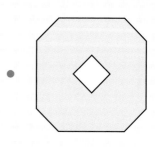

⑦ 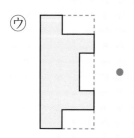 •

•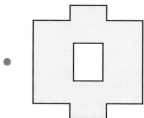

⑦ 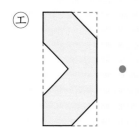 •

•

❷ 正方形の　おり紙を　4つに
おって，切りぬきました。
おり紙を　ひらくと　どんな
形が　できますか。右から
えらび，線で　むすびましょう。

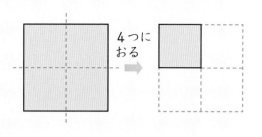
4つに
おる

㋐

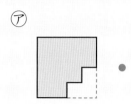　●

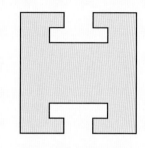　●

㋑

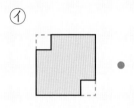　●

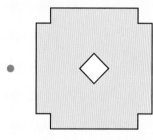　●

㋒

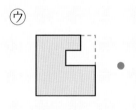　●

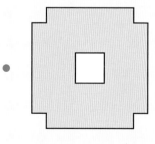　●

㋓

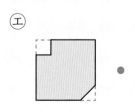　●

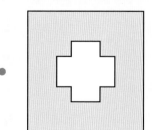　●

❗ヒント
❶ ひらいた　形は　図の　まん中の　左がわが　㋐から　㋓に　なり，
まん中の　右がわが　㋐から　㋓を　はんたいの　むきに　したものに
なります。

トクとトクイになる！

小学ハイレベルワーク

算数 2 年

答えと考え方

「答えと考え方」は，
とりはずすことが
できます。

「WEBでもっと解説」
はこちらです。

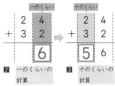

1章 ひっ算①

標準 レベル＋ 　　4〜5ページ

れいだい1

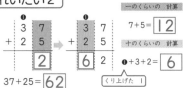

4＋2＝ **6**　　2＋3＝ **5**　　24＋32＝ **56**

1
- **①** 12 ＋23 ＝ 35
- **②** 34 ＋15 ＝ 49
- **③** 20 ＋47 ＝ 67
- **④** 52 ＋ 6 ＝ 58

2
- **①** 42＋25
	4	2
＋	2	5
	6	7

- **②** 63＋21
	6	3
＋	2	1
	8	4

- **③** 57＋31
	5	7
＋	3	1
	8	8

- **④** 19＋50
	1	9
＋	5	0
	6	9

3 しき 36＋13＝49

答え 49まい

れいだい2

37＋25＝ **62**

一のくらいの計算　7＋5＝ **12**
十のくらいの計算　**①**＋3＋2＝ **6**
くり上げた 1

4
- **①** 47 ＋36 ＝ 83
- **②** 35 ＋17 ＝ 52
- **③** 23 ＋38 ＝ 61
- **④** 56 ＋29 ＝ 85

5
- **①** 28＋37
	2	8
＋	3	7
	6	5

- **②** 49＋25
	4	9
＋	2	5
	7	4

- **③** 14＋26
	1	4
＋	2	6
	4	0

- **④** 43＋7
	4	3
＋		7
	5	0

6 しき 27＋36＝63

答え 63びき

考え方

1 一の位から順に計算します。くり上がりのないたし算の筆算に慣れましょう。

2 枠の中に筆算を書いていくのは，簡単そうに見えますが，戸惑うお子さんも多く見られます。筆算をするときには必ず位を揃えて書き，一の位から計算することをしっかり身につけましょう。

4 くり上がりのある問題では，右のようにくり上げた1を書いておくと間違いを防ぐことができます。算数のメモは思考の過程を示す大切なものであり，消さずに残しておくことが原則です。テストの場合でも，筆算やメモ書きを残しておくようにしましょう。

① 1
　47
＋36
　83

5 （2けた）＋（1けた）の計算では，右のように位をずらしてしまう誤りが多く見られます。7は一の位だから，43の一の位の数3の下に揃えて書くことに注意しましょう。

④ 43
＋7
113 （誤り）

ハイ レベル＋＋ 　　6〜7ページ

①
- **①** 43＋22
	4	3
＋	2	2
	6	5

- **②** 34＋56
	3	4
＋	5	6
	9	0

- **③** 27＋36
	2	7
＋	3	6
	6	3

- **④** 72＋8
	7	2
＋		8
	8	0

- **⑤** 51＋39
	5	1
＋	3	9
	9	0

- **⑥** 7＋46
		7
＋	4	6
	5	3

- **⑦** 65＋28
	6	5
＋	2	8
	9	3

- **⑧** 86＋6
	8	6
＋		6
	9	2

②

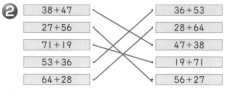

③
- **①**
	3	2
＋	2	3
	5	5

- **②**
	5	8
＋	2	6
	8	4

- **③**
	1	8
＋	3	4
	5	2

- **④**
	3	7
＋	5	6
	9	3

④ しき 26＋38＝64　　**答え** 64まい

⑤ しき 15＋19＝34(黒い金魚)
　　　15＋34＝49　　**答え** 49ひき

⑥ しき 9＋5＝14(お姉さん)
　　　14＋28＝42(お母さん)
　　　42＋6＝48(お父さん)　　**答え** 48才

考え方

❶ 縦に位を揃えて計算すること，くり上がりのときに，くり上げた1をたし忘れていないかを確認しましょう。

❷ たされる数とたす数を入れ替えて計算しても，答えは同じになることを学習します。このきまりを理解するだけでなく，自分の出したたし算の答えが正しいかどうかを確かめるために使ってみることが大切です。計算問題を終えた後や，テストの確かめなどに使えるようにしましょう。

❸ まず一の位の計算で，くり上がりがあるかどうかを考えます。

 ❷ 4は6より小さいので，□+6=4の□にあてはまる0〜9の数はなく，くり上がりがあることから，□+6=14の□にあてはまる数を考えます。十の位の計算は，くり上げた1をたして，1+5+□=8の□にあてはまる数を考えます。

 ❹ 一の位の計算は，□+6=13の□にあてはまる数を考えます。

❹ 画用紙を26人に1枚ずつ配るということは，26枚使ったことになります。はじめにあった枚数を求める式は26+38になります。

❺ 34匹と答える間違いが多く見られます。34匹は黒い金魚の数で，求めるのは赤い金魚と黒い金魚の合計であることをおさえます。

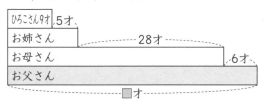

❻ ひろこさんをもとにして，4人の年の違いを考えます。お姉さんは(9+5)才，お母さんは(9+5+28)才，お父さんは(9+5+28+6)才であることを，順に式に表します。

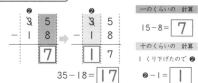

標準 レベル＋　　　　8〜9ページ

れいだい1

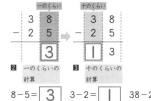

❷ 一のくらいの計算　　　十のくらいの計算

8−5=3　　3−2=1　　38−25=13

1 ❶ 59 −36 = 23 ❷ 45 −13 = 32 ❸ 98 −42 = 56 ❹ 76 −65 = 11

2
❶37−25 ❷53−31 ❸66−46 ❹89−50

37		53		66		89
−25		−31		−46		−50
12		22		20		39

3 しき 67−24=43

答え 43まい

れいだい2

一のくらいの計算　15−8=7

35−18=17

十のくらいの計算　1くり下げたので❷　❷−1=1

4 ❶ 52 −26 = 26 ❷ 37 −19 = 18 ❸ 80 −45 = 35 ❹ 70 − 7 = 63

5
❶38−19 ❷74−25 ❸46−29 ❹64−55

38		74		46		64
−19		−25		−29		−55
19		49		17		9

6 しき 45−19=26

答え 26こ

考え方

1 ❶ 十の位の計算の5−3=2は，50−30=20の結果であることを確認しましょう。

4 くり下がりのあるひき算は，1をくり下げたとき，十の位の数が1小さくなっていることを忘れないように，十の位の数字の上に1小さくなっている数を書いておきます。

 ❹ (2けた)−(1けた)の計算では，右のように位をずらしてしまう誤　❹ 70 −7←

りが見られます。筆算は位ごとの計算をすることをおさえましょう。

6

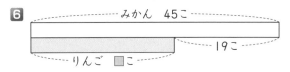

ハイレベル++　10〜11ページ

1

❶74−56　❷52−27　❸43−18　❹91−83

❺66−39　❻85−26　❼30−18　❽73−6

❷
48−29		22+64
51−36		19+29
71−19		27+36
63−36		52+19
86−64		15+36

❸

4 ❶ しき 92−25=67　**答え** 67ページ

❷ しき 92−59=33
（たけしさんが 読んだ ページ）
33−25=8　**答え** 8ページ

5 しき 64−15=49（きのうの のこりの 数）
15+7=22（今日 つかった 数）
49−22=27　**答え** 27こ

考え方

❶ 縦に位を揃えて計算すること、くり下がりのときに、1くり下がった数を小さくメモしておくようにしましょう。

❸ まず一の位の計算で、くり下がりがあるかどうかを考えます。

---

❶ 一の位の計算で、□−6=8の□にあてはまる1けたの数はないので、1□−6=8と考えます。

❷ 十の位の計算は、一の位の計算にくり下がりがあることに注意して、9−□=7ではなく、8−□=7と考えます。

❸ 一の位の計算は、1□−6=9と考えます。十の位の計算は、1くり下げたので、5−□=0と考えます。

❹ 一の位の計算は、1□−6=4と考えます。十の位の計算は、1くり下げたので、6−2になります。

4 ❷**別解** こうじさんとたけしさんの残りのページ数の違いから求めることもできます。
67−59=8（ページ）

5 昨日の残りの数（64−15）個から、今日使った卵の数（15+7）個をひきます。

アドバイス

学習のねらい　p.4〜11

筆算では、位をそろえて計算し、たし算ではくり上がりを、ひき算ではくり下がりを、正確に処理することが、とても重要です。

筆算の仕方を十分に理解し、丁寧に正しく計算する習慣をつけましょう。2けたの筆算でしっかりと計算能力を身につけておくと、これから先に学習する3けた、4けたの計算も、難なくこなせるようになります。

〈筆算の検算について〉

自分の計算が間違っていないか、確かめる習慣をつけることが大切です。今後の計算において、慎重に物事を考える態度を育てることにもつながります。

たし算の確かめは、ひき算によって、ひき算の確かめは、たし算によって行います。

（例）　（確かめ）
```
   1
  37      8
 +54      91
  91     −54
          37
```
（確かめ）
```
   8
  93      1
 −68      25
  25     +68
          93
```

標準 レベル+ 　　　12〜13ページ

れいだい1 524まい

1 386本

2 ❶182　　　　❷930　　　　❸701
　❹600　　　　❺259　　　　❻384

3 ❶五百　　　　❷四百二十　　　❸三百九
　❹七百十八　　❺百六十二　　　❻九百三十五

れいだい2

①240　②500　③880

4 ❶ 180 - 190 - 200 - 210 - 220 - 230
　❷ 570 - 590 - 610 - 630 - 650 - 670
　❸ 296 - 298 - 300 - 302 - 304 - 306
　❹ 350 - 450 - 550 - 650 - 750 - 850

5 ❶ 一のくらいが 4, 十のくらいが 0, 百の
　くらいが 9の 数は 904 です。
　❷ 780の 7は 百 のくらい, 8は 十
　のくらい, 0は 一 のくらいの 数です。
　❸ 10を 48こ あつめた 数は 480 です。
　❹ 906は, 100 を9こ, 1 を 6こ あ
　わせた 数です。

考え方

1 100本の束が3個, 10本の束が8個, ばらが6
本あるので, 386本になります。

2 ❶ 百八十二を, 100802と書く間違いが見ら
れます。位取りの表を書いて, もう一度書き
方を確かめておきましょう。

4 数がどのような規則で増えているのかを考えま
す。❶は10ずつ増えています。❷は20ずつ増え
ています。❸は2ずつ増えています。❹は100ず
つ増えています。

5 100がいくつ, 10がいくつ, 1がいくつで3け
たの数が構成されているのをおさえます。

ハイ レベル++ 　　　14〜15ページ

1 ❶760は, 700 と 60を あわせた 数で
　す。
　❷760は, 10を 76 こ あつめた 数です。
　❸100を 10こ あつめた 数は 1000です。
　❹1000より 1 小さい 数は 999 です。
　❺ 990 より 10 大きい 数は 1000で
　す。
　❻ 525 - 550 - 575 - 600 - 625 - 650
　❼ 980 - 984 - 988 - 992 - 996 - 1000

2 ❶10　　　　❷①200　　　②300
　❸⑦70　　　④160　　　⑦230　　　④280

3 987, 978, 897, 879, 798, 789

4 675, 685, 695, 785, 795, 895

5 ❶4　　　　　❷8

6 ❶654　　　　❷456　　　　❸180
　❹465　　　　❺654

考え方

1 ❶❷ 760は, 100を7個と10を6個合わせた
数ともいえます。また, 1を760個集めた数
ともいえます。
　❸ 10を100個集めた数ともいえます。
　❹❺ 数直線を使って確かめておきましょう。
　❻ 25ずつ増えています。
　❼ 4ずつ増えています。

2 ❶ 数直線の読み取り方に慣れましょう。10目
盛りで100を表していることから, 1目盛りの
大きさがどれだけになっているかを考えます。

3 3けたの数の大きさを比べるときは, 百の位, 十
の位, 一の位の順に比べます。

4 600より大きくて1000より小さい数の百の位
の数字は6, 7, 8, 9です。百の位の数字は十の
位の数字より小さいので, 百の位が6のとき十の
位は7, 8, 9があてはまります。同じように, 百
の位が7のとき十の位は8, 9, 百の位が8のとき
十の位は9があてはまります。百の位が9のとき
は, いずれの数字もあてはまりません。

⑤ **❶** 500円玉が1個と，5円玉が4個で520円です。920円にするには100円玉が4個いります。

❷ 100円玉が6個と，50円玉が3個で750円です。830円にするには10円玉が8個いります。

⑥ 4，5，6の3まいのカードの組み合わせは，大きい順に，654，645，564，546，465，456の6通り。

❸ 2番目に大きい数は645，2番目に小さい数は465です。数直線を見ると，2つの数のちがいは180となります。

標準レベル⁺　　　**16〜17ページ**

れいだい1　①150　②80

1 ❶130　❷130　❸700
❹700　❺750　❻903

2 ❶80　❷90　❸400
❹400　❺600　❻300

3 しき 90+60=150

答え 150まい

れいだい2　687 < 692

4 ❶598 > 589　❷492 > 479
❸608 > 606　❹94 < 105

5 ❶8，9　❷0，1，2

6 ❶しき 400+50=450

答え 450円

❷ しき 450−50=400

答え 400円

考え方

1 2 10のまとまりや100のまとまりで考えると，計算がしやすくなります。

4 数の大小を比べる問題では，大きい位の数字から順に比べていきます。❶❷は十の位，❸は一の位の数字で判断します。不等号の意味を理解していないことが多いです。口が開いている方が大きいと絵に表して，下のように書いてみるとよいでしょう。　大>小　　小<大

ハイレベル⁺⁺　　　**18〜19ページ**

1 ❶110　❷60　❸80　❹150
❺800　❻720　❼960　❽600
❾400　❿804

2 ❶・ジュースと　ロールパン

200 > 90+60

・ジュースと　チョココロネ

200 < 90+120

❷メロンパン

3 ❶4，5，6，7，8，9
❷0，1，2，3，4，5，6，7
❸0，1，2，3，4，5

4 340円

5 ❶45円　　❷10円玉…2こ　5円玉…5こ

考え方

2 ❶ まず，たし算の部分を計算します。

90+60=150だから，200>90+60となります。90+120=210だから，
200<90+120です。

4 おつりは，100+50+10=160(円)です。
買った物は，500−160=340(円)です。

5 ❶ 100円玉が4個で400円，50円玉が6個で300円，1円玉が5個で5円なので，合わせて705円です。残りは750−705=45(円)となり，これが10円玉と5円玉の合計になります。

❷ 合わせて7個ある10円玉と5円玉が，45円になる組み合わせを考えます。1つずつ考えていきましょう。

・10円玉が7個，5円玉が0個
→合計金額は70円

・10円玉が6個，5円玉が1個
→合計金額は65円

・10円玉が5個，5円玉が2個
→合計金額は60円
　　　　　　　:

と続けていくと，10円玉が2個，5円玉が5個のときに，合計金額が45円になります。

標準 レベル+ 　　20〜21ページ

れいだい1

① (27+33)+20= 60 +20= 80

② 27+(33+20)=27+ 53 = 80

答え 80円

1 ❶ 36+(4+6)=36+10=46

❷ (36+4)+6=40+6=46

❸ 52+(18+2)=52+20=72

❹ (52+18)+2=70+2=72

2 ❶ 5+39+1=5+(39+1)=5+40=45

❷ 26+47+3=26+(47+3)=26+50=76

❸ 54+13+6=(54+6)+13=60+13=73

❹ 27+26+4=27+(26+4)=27+30=57

❺ 9+15+31=(9+31)+15=40+15=55

❻ 5+33+25=(5+25)+33=30+33=63

れいだい2

① はじめに もっていた テープの 数を 先に 計算する

しき (12+16)+4=28+4=32

赤い テープの 数を 先に 計算する

しき 12+(16+4)=12+20=32

② 答え 32本

3 ❶⑦ (15+30)+45=45+45=90

　 ⑦ (30+45)+15=75+15=90

❷ 90円

考え方

1 ( )は, ひとまとまりの数を表し, 先に計算することをおさえましょう。

2 たし算では, たす順序を変えても, 答えは同じになります。3つの数の一の位を見て, たして10になる数どうしを先にたすことで, あとの計算が簡単になります。( )をつけた式に書き直して考えると理解しやすいです。

3 ❶ れいだい2を参考に考えてみましょう。式を書くことができたら, 「はじめに買った分を先に計算している」「鉛筆の代金を先に計算している」と説明させると理解が深まります。

ハイ レベル++ 　　22〜23ページ

1 ❶ 47+(18+12)=47+30=77

❷ 35+(11+24)=35+35=70

❸ 29+(33+17)=29+50=79

❹ (56+4)+38=60+38=98

2 ❶ 8+11+9=8+(11+9)=8+20=28

❷ 7+21+19=7+(21+19)=7+40=47

❸ 37+16+23=(37+23)+16=60+16=76

❹ 23+15+7=(23+7)+15=30+15=45

❺ 26+38+14=(26+14)+38=40+38=78

❻ 25+47+15=(25+15)+47=40+47=87

❼ 14+29+16=(14+16)+29=30+29=59

❽ 4+79+6=(4+6)+79=10+79=89

❾ 39+12+28=39+(12+28)=39+40=79

❿ 15+22+45=(15+45)+22=60+22=82

⓫ 27+38+33=(27+33)+38=60+38=98

⓬ 12+36+28=(12+28)+36=40+36=76

3 しき 25+7+3=35　　答え 35まい

4 しき 14+28+16=58　　答え 58本

5 ❶ しき 20+40+16=76　　答え 76円

❷ しき 36+24+24=84　　答え 84円

❸ ラムネ・わたがし・チョコレート

❹ あめ・わたがし・チョコレート

　 ラムネ・ガム・チョコレート

考え方

2 3つの数のうち, どの2つを先にたすと計算が簡単になるかを考えて, ( )を使った式に表してから計算してみましょう。

3 7+3を先に計算する方が簡単です。

4 14+16を先に計算するとよいでしょう。

5 ❸ 3個買って100円になる組み合わせを考えます。40円のラムネ, 36円のわたがし, 24円のチョコレートで100円になります。

❹ 問題文の「すべての組み合わせを書きましょう」に着目します。3個買って80円になる場合は2通りあります。ガムとチョコレート→16+24=40(円), わたがしとチョコレート→36+24=60(円)と, 一の位が0になるたし算を見つけて考えるとよいでしょう。

標準 レベル＋ 24〜25ページ

れいだい1

一のくらいの計算
4+2＝6

十のくらいの計算
7+5＝12

百のくらいに
1を書く。 74+52＝126

1
① 53 +84 137
② 27 +92 119
③ 70 +65 135
④ 45 +64 109

2
①61+55
```
  6 1
+ 5 5
1 1 6
```
②43+72
```
  4 3
+ 7 2
1 1 5
```
③53+86
```
  5 3
+ 8 6
1 3 9
```
④29+90
```
  2 9
+ 9 0
1 1 9
```

3 しき 52+76=128   答え 128本

れいだい2

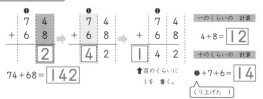

一のくらいの計算
4+8＝12

十のくらいの計算
1+7+6＝14

くり上げた1

74+68＝142

↑百のくらいに1を書く。

4
① 68 +85 153
② 57 +76 133
③ 43 +69 112
④ 95 + 7 102

5
①36+89
```
  3 6
+ 8 9
1 2 5
```
②29+75
```
  2 9
+ 7 5
1 0 4
```
③96+7
```
  9 6
+   7
1 0 3
```
④3+99
```
    3
+ 9 9
1 0 2
```

6 しき 85+48=133   答え 133円

考え方

1 2 これまでに学習した2けたのたし算の筆算と同じように計算します。一の位の計算はくり上がりがなく、十の位の計算でくり上がりがある問題を出題しています。百の位に、十の位の計算でくり上がった数である1をそのまま書けば、答えを出すことができます。2では位を揃えて書くことに注意しましょう。

3 下の図のように、数量の大きさをテープの長さに置き換えた図のことを、テープ図といいます。文章問題は、こうしたテープ図をかきながら、題意を正しく読み取って式を立てましょう。

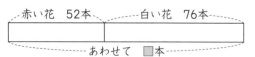

赤い花 52本　　白い花 76本

あわせて □本

4 くり上がりが2回あるたし算の筆算では、下のような間違いが多く見られます。くり上がったときは、くり上げた1をメモしておくことを確認してください。

① ✕ 68 +85 143
　○ 68 +85 153　くり上げた1をメモする

6 図に表して考えましょう。

ノート 85円　　えんぴつ 48円

あわせて □円

ハイ レベル＋＋ 26〜27ページ

①
①53+72
```
  5 3
+ 7 2
1 2 5
```
②80+53
```
  8 0
+ 5 3
1 3 3
```
③62+67
```
  6 2
+ 6 7
1 2 9
```
④72+48
```
  7 2
+ 4 8
1 2 0
```

⑤65+49
```
  6 5
+ 4 9
1 1 4
```
⑥7+96
```
    7
+ 9 6
1 0 3
```
⑦43+68
```
  4 3
+ 6 8
1 1 1
```
⑧86+37
```
  8 6
+ 3 7
1 2 3
```

②
① 21 14 +32 67
② 24 45 +18 87
③ 38 56 +62 156
④ 87 49 +26 162

③
①
```
  4 5
+ 8 7
1 3 2
```
②
```
  7 9
+ 6 7
1 4 6
```
③
```
  1 5
  4 5
+ 3 3
  9 3
```
④
```
  4 8
  5 6
+ 6 7
1 7 1
```

④ ❶ **しき** 78+82=160　　**答え** 160円
　❷ 買えない
　❸ あめ 1こと　ドーナツ 1こ
⑤ **しき** 23+68=91(ある 数)
　　91+68=159　　**答え** 159
⑥ **しき** 28+17+29=74(はるかさんが 前)
　　または
　　29−17−2=10(後ろに 10人)
　　28+10=38(はるかさんが 後ろ)
　　答え 74人 または 38人

考え方

❷ 3つの数のたし算の筆算も、2つの数のたし算と同じように、一の位、十の位の順に計算し、くり上がりに注意します。

❸ 一の位でくり上がりがあることから考えます。
　❶ □+7=12だから、たされる数の□は5。十の位に1くり上がっているので、十の位の計算は1+4+8=13 答えの□は3になります。
　❷ 9+□=16 たす数の一の位は7です。十の位の計算は1+7+6=14です。
　❸ 5+□+3=13と考えると、一の位の□は5。十の位の計算は、1+1+4+□=9となりますから、十の位の□は3です。
　❹ 6+7=13なので、□+6+7=21と考えると、□は8。十の位の計算はくり上がった2をたして、2+4+□+6=17と考えます。
❹ ❷ ラムネ1個とせんべい2枚を買うと、55+28+28=111(円)になります。
　❸ あめ1個とドーナツ1個で、14+82=96(円)です。おつりは4円で、このときにいちばん少なくなります。
❺ 「ある数」は、23+68=91になります。
❻ はるかさんがあおいさんより前にいるときと、あおいさんより後ろにいるときのそれぞれを、図に表して考えましょう。
　はるかさんが、あおいさんより前にいる場合

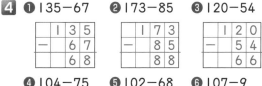

このとき、全部で28+17+29=74(人)です。

はるかさんが、あおいさんより後ろにいる場合

このとき、全部で38人です。解答に書かれた式のように、はるかさんの後ろに10人いることを導いて式をつくるとわかりやすいでしょう。

標準レベル+　　28〜29ページ

れいだい1

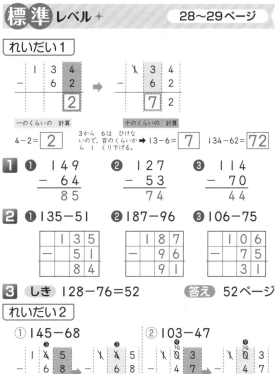

一のくらいの 計算　　十のくらいの 計算
4−2=2　3から、6はひけないので、百のくらいから1くり下げる→13−6=7　134−62=72

❶ ❶ 149−64=85　❷ 127−53=74　❸ 114−70=44

❷ ❶135−51 → 84　❷187−96 → 91　❸106−75 → 31

❸ **しき** 128−76=52　　**答え** 52ページ

れいだい2

① 145−68　　② 103−47

一のくらいの 計算　十のくらいの 計算　一のくらいの 計算　十のくらいの 計算
十のくらいから1くり下げて　1くり下げたので❸百のくらいから1くり下げて　百のくらいからじゅんにくり下げて　1くり下げたので❼
15−8=7　13−6=7　13−7=6　9−4=5
145−68=77　　103−47=56

❹ ❶135−67 → 68　❷173−85 → 88　❸120−54 → 66
　❹104−75 → 29　❺102−68 → 34　❻107−9 → 98

考え方

1 2 百の位からくり下がりのあるひき算です。

3 図を使って考えましょう。

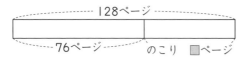

4 くり下がりが2回続く問題は，間違いが多くなります。間違いがないか確認しながら解いていきましょう。

ハイ レベル++　　30～31ページ

❶ ❶126−54　❷158−82　❸100−17

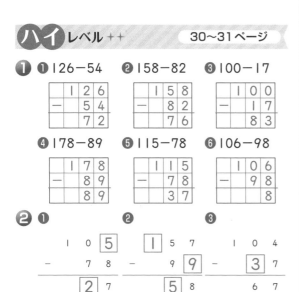

❹178−89　❺115−78　❻106−98

❷ ❶　　　　❷　　　　❸

❸ しき 105−19=86　　**答え** 86まい

❹ しき 123−84=39　　**答え** 39こ

❺ しき 128−42=86

　　86−37=49　　　**答え** 49ページ

❻ しき 74+62=136

　　136−40=96　　　**答え** 96こ

❼ しき 52+30+45=127

　　　　　　（はじめに 買った 分）

　　150−127=23（はじめに 買った 後）

　　23+100=123

　　　　　　（お母さんに もらった 後）

　　123−49=74　　　**答え** 74円

考え方

❷ ❶ 8をひいて7になるのは，15です。十の位の計算は，10−1−7=2になります。くり下がりの分の1をひくことを忘れないようにしましょう。

---

❷ 7からひいて8にすることはできないので，17からひいて8にします。このとき，ひく数は9です。十の位の計算は，15−1−9=5です。

❸ 十の位の計算は，10−1−6=3です。

❸

❹

❺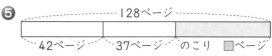

❻ 下の図のように表すと，子どもの合計がいすの数より多いことがわかります。

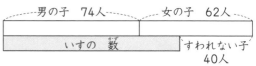

❼ まず，たろうさんが買い物で使ったお金はいくらかを求めた後，残ったお金を求めます。合計金額の計算はたし算で，残ったお金の計算はひき算で求めましょう。お母さんからもらった分の計算はたし算，おかしを買った分の計算はひき算です。

標準 レベル+　　32～33ページ

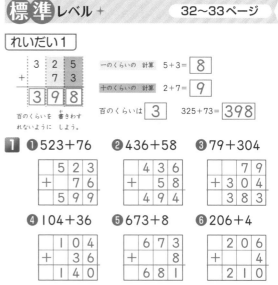

❶ ❶523+76　❷436+58　❸79+304

❹104+36　❺673+8　❻206+4

❷ しき 69+307=376　　**答え** 376円

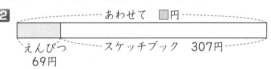

れいだい2

$$
\begin{array}{r}
7\ 4\ 3\\
-\ \ 1\ 6\\
\hline
7\ 2\ 7
\end{array}
$$

一のくらいの 計算　十のくらいから 1　くり下げて
$13-6=$ 7

十のくらいの 計算　1　くり下げたので ❸
$3-1=$ 2

百のくらいは 7　　$743-16=$ 727

3 ❶$684-57$　　❷$851-32$　　❸$935-26$

$$
\begin{array}{r}
6\ 8\ 4\\
-\ \ 5\ 7\\
\hline
6\ 2\ 7
\end{array}
\qquad
\begin{array}{r}
8\ 5\ 1\\
-\ \ 3\ 2\\
\hline
8\ 1\ 9
\end{array}
\qquad
\begin{array}{r}
9\ 3\ 5\\
-\ \ 2\ 6\\
\hline
9\ 0\ 9
\end{array}
$$

❹$456-8$　　❺$362-9$　　❻$513-5$

$$
\begin{array}{r}
4\ 5\ 6\\
-\ \ \ \ 8\\
\hline
4\ 4\ 8
\end{array}
\qquad
\begin{array}{r}
3\ 6\ 2\\
-\ \ \ \ 9\\
\hline
3\ 5\ 3
\end{array}
\qquad
\begin{array}{r}
5\ 1\ 3\\
-\ \ \ \ 5\\
\hline
5\ 0\ 8
\end{array}
$$

4 しき $496-89=407$　　答え 407まい

考え方

1 3けたの数の計算も，2けたの数の計算と同じようにできます。また，間違えた問題は必ずやり直しておくように習慣づけましょう。

2
あわせて □円

えんぴつ　　スケッチブック　307円
69円

4
画用紙　496まい

2年生　　のこり □まい
89人

ハイレベル++　　34〜35ページ

❶ ❶
$$
\begin{array}{r}
6\ 9\ 8\\
+\ \ 8\ 9\\
\hline
7\ 8\ 7
\end{array}
$$
❷
$$
\begin{array}{r}
3\ 2\ 7\\
+2\ 4\ 8\\
\hline
5\ 7\ 5
\end{array}
$$
❸
$$
\begin{array}{r}
5\ 7\ 3\\
+1\ 5\ 2\\
\hline
7\ 2\ 5
\end{array}
$$

❹
$$
\begin{array}{r}
4\ 5\ 8\\
+3\ 9\ 4\\
\hline
8\ 5\ 2
\end{array}
$$
❺
$$
\begin{array}{r}
3\ 7\ 4\\
-\ \ 6\ 5\\
\hline
3\ 0\ 9
\end{array}
$$
❻
$$
\begin{array}{r}
4\ 3\ 0\\
-\ \ 8\ 7\\
\hline
3\ 4\ 3
\end{array}
$$

❼
$$
\begin{array}{r}
6\ 5\ 2\\
-3\ 2\ 6\\
\hline
3\ 2\ 6
\end{array}
$$
❽
$$
\begin{array}{r}
8\ 0\ 5\\
-4\ 5\ 1\\
\hline
3\ 5\ 4
\end{array}
$$

❷ ❶$243+$ 65 $=308$　　❷ 539 $+47=586$

❸$847-$ 79 $=768$　　❹$504-$ 215 $=289$

---

❸ ❶
$$
\begin{array}{r}
3\ 5\ \boxed{6}\\
+\ \ 4\ \boxed{4}\ 2\\
\hline
7\ 9\ 8
\end{array}
$$
❷
$$
\begin{array}{r}
\boxed{3}\ 8\ 8\\
+\ 5\ 7\ 6\\
\hline
9\ \boxed{6}\ 4
\end{array}
$$
❸
$$
\begin{array}{r}
8\ \boxed{8}\ 2\\
-\ \boxed{1}\ 5\ 9\\
\hline
7\ 2\ 3
\end{array}
$$

❹ しき $327-132=195$（子どもの　数）
$327+195=522$　　　答え 522人

❺ ❶ しき $185-18=167$　　答え 167台
❷ しき $253-167=86$
（はじめの　オートバイ）
$86+16=102$　　答え 102台

❻ しき $124+48=172$
（今日まで 読んだ 分）
$48+5=53$　　$53+53=106$
（明日と　あさってで　読む　分）
$172+106+58=336$
答え 336ページ

考え方

2 たす数，たされる数を求めるときは，ひき算です。また，ひく数を求めるときも，ひき算になります。
❶$243+\square=308\rightarrow\square=308-243=65$
❷$\square+47=586\rightarrow\square=586-47=539$
❸$847-\square=768\rightarrow\square=847-768=79$
❹$504-\square=289\rightarrow\square=504-289=215$

3 ❶ 一の位の計算は，$\square+2=8$です。
❷ 6に数をたして4にすることはできないので，一の位の計算は，$\square+6=14$と考えます。十の位に1くり上がることに注意しましょう。
❸ 一の位の計算は，$12-9=3$と考えます。

4
327人　　（327−132）人
大人　　子ども
ぜんぶで □人

5

はじめ 253台
△台
18台　自転車　オートバイ 16台
自転車　オートバイ
185台　　□台

6 明日と明後日が$48+5$(ページ)であることを読み取って，下のようにテープ図をかきましょう。

ぜんぶで □ページ

きのうまで	今日	明日	あさって	のこり
124ページ	48ページ	48+5ページ	48+5ページ	58ページ

標準レベル＋　　　36〜37ページ

れいだい1

① $5 \times 6 = 30$

② $2 \times 8 = 16$

1 ❶35　　❷12　　❸20
　　❹6　　❺25　　❻18
　　❼40　　❽8　　❾15

2 しき $5 \times 9 = 45$　　答え 45こ

れいだい2

① $3 \times 5 = 15$

② $4 \times 3 = 12$

3 ❶6　　❷20　　❸12
　　❹24　　❺21　　❻32
　　❼24　　❽16　　❾27

4 ❶ しき $4 \times 7 = 28$　　答え 28こ
　　❷4こ

考え方

2 1つ分の大きさが「5」で，それが「9つ分」なので，「5×9」と表します。

3 3の段の九九では，「$3 \times 7 = 21$」，「$3 \times 8 = 24$」「$3 \times 9 = 27$」の一の位の数が「いち」「し」「しち」と音が似ているので，曖昧に覚えがちです。
4の段では，「$4 \times 6 = 24$」「$4 \times 7 = 28$」の一の位の数が「し」「はち」で，「いち」や「しち」と音が似ているので，間違えがちです。はっきり声に出して正確に言えるようにしましょう。

4 ❶ 1つ分の大きさが「4」で，それが「7つ分」なので，「4×7」と表します。
　　❷ 箱（かける数）が1増えると，ケーキは4（かけられる数）増えます。かける数が1増えると，答えはかけられる数だけ増えます。このことをおさえておきましょう。

かけられる数		かける数		答え
4	×	7	=	28
		↓1増える		↓4増える
4	×	8	=	32

ハイレベル＋＋　　　38〜39ページ

❶ ❶ 2 倍　　❷ 3 倍
　　❸ 2 倍　　❹ 3 倍

❷ ❶ $3 \times$ 5 　　❷ $2 \times$ 4
　　❸ 4 $\times$ 7 　　❹ 5 $\times$ 8
　　❺ 5 倍　　❻ 6 倍
　　❼ 2 大きい　　❽ 3 小さい

❸ ❶ 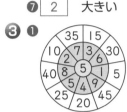　　❷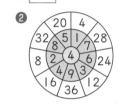

❹ しき $5 \times 4 = 20$（5まい入りの　クッキー）
　　$3 \times 2 = 6$（3まい入りの　クッキー）
　　$20 + 6 = 26$　　答え 26まい

❺ しき $2 \times 6 = 12$（くばった　ノート）
　　$12 + 3 = 15$　　答え 15さつ

❻ しき $4 \times 6 = 24$（買った　風船）
　　$3 \times 9 = 27$（くばる　風船）
　　$27 - 24 = 3$　　答え 3こ

考え方

❶ 「もとになる大きさ（1つ分の大きさ）」を見きわめて，それが「いくつ分」で答えになるかを考えます。
　　❷ もとになる⑦は△が2つあるので，$2 \times \underline{3} = 6$の式から，3倍とわかります。
　　❹ もとになる①は△が3つ，⑦は△が9つなので，$3 \times \underline{3} = 9$の式から3倍とわかります。

❷ ❶ 1つ分の大きさが「3」で，それが「5つ分」なので，「3×5」と表します。
　　❺ 2を5回たしているので，2の5倍です。
　　❻ 5を6回たしているので，5の6倍です。
　　❼❽ 九九では，「かける数」が1増えると，答えは「かけられる数」だけ増え，「かける数」が1減ると，答えは「かけられる数」だけ減ります。

❹ 5枚入りのクッキー4ふくろ分と，3枚入りの

クッキー2ふくろ分のそれぞれのクッキーの数を九九で求めてから，たし算します。

⑤ 「あまり」が生じるのは下の図のように，配った数よりもはじめの枚数が多いときです。

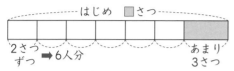

⑥ 「たりない」のは下の図のように，手元にある個数より必要な個数の方が多いときです。

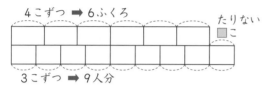

アドバイス

学習のねらい　　　　　　　P.36〜39

　かけ算では，何が「もとになる大きさ(1つ分の大きさ)」で，それが「いくつ分」あるかを考えることが重要です。

　(1つ分の大きさ)×(いくつ分)
＝(全体の大きさ)

ここでは，5，2，3，4の段の構成を理解し，九九を確実に唱えられるようにします。

〈かけ算の式の立て方〉

　「5枚のお皿に柿が3個ずつのっています。柿は全部で何個ありますか。」というような問題では，問題に出てくる数の順に「5×3＝15」という式を書いてしまう場合があります。これは，問題の場面をしっかりイメージしていなかったり，乗法の式の意味を十分理解していなかったりすることが原因です。そこで，問題文を読むときに，「1つ分の大きさ」に当たる数を○で，「いくつ分」に当たる数を□で囲んでみて，問題場面を具体的にイメージしているか，確認してみましょう。初めに「1つ分の大きさ」を表す数を，次に「いくつ分」を表す数を書くことを理解できるようにしていくとよいでしょう。

標準レベル＋　　　　40〜41ページ

れいだい1

① $6×5＝\boxed{30}$　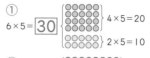 $4×5＝20$ / $2×5＝10$

② $7×8＝\boxed{56}$　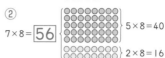 $5×8＝40$ / $2×8＝16$

1 ❶24　　❷21　　❸12
　　❹63　　❺36　　❻35
　　❼48　　❽28　　❾18

2 しき $7×6＝42$　　答え 42まい

れいだい2

①16　　②63　　③72
④54　　⑤56

3 ❶36　　❷40　　❸18
　　❹48　　❺27　　❻64
　　❼45　　❽32　　❾81

4 しき $8×3＝24$　　答え 24こ

5 しき $9×8＝72$　　答え 72人

考え方

1 7の段の九九では，「1(いち)」「4(し)」「8(はち)」など，「7(しち)」と似たような音の数が出てくると，覚えにくくなり，間違いも増えます。はっきり声に出して正確に言えるよう，くり返し練習しましょう。

2 1人7枚ずつ配ることから，必要な枚数を求めます。

7まいずつ ➡ 6人
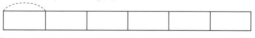

3 7の段までの九九と混同しないように，正しく言えるまで練習しましょう。

4 8こ入り ➡ 3はこ

5 1チームが9人で，8チームなので，かけ算の式は，9×8となります。
文章を，「1つ分の数」の「いくつ分」の形に書き直して考えましょう。

❶ ❶ 4 倍　　❷ 3 倍

❷ ❶ 6× 7 　　❷ 7× 5

❸ 8× 5 　　❹ 9× 8

❺ 7×6= 7 + 7 + 7 + 7 + 7 + 7 = 42
　　　　　　6つとも 同じ 数

❻ 9× 5 =9+9+9+9+9= 45

❼ 8× 7 =8+8+8+8+8+8+8= 56

❸ ❶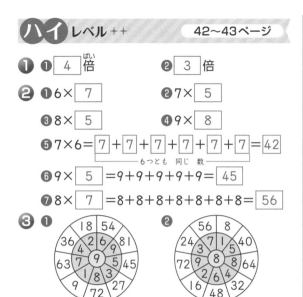

❹ しき 7×9=63
　　　　80−63=17　　　　答え 17問

❺ しき 9×6=54
　　　　54−50=4　　　　答え 4こ

❻ しき 6×9=54
　　　　54+3=57 （バラの 花）
　　　　7×8=56
　　　　56+6=62 （カーネーションの 花）
　　　　62−57=5
　　答え （カーネーション）の 花が （5）本 多い。

考え方

❶ 38ページの問題❶と同じように考えていきます。
　　❶ ㋐は△が6個, ㋒は24個なので, 6×4=24
　　の式から, 4倍であることがわかります。
　　❷ ㋑は△が8個, ㋒は24個なので, 8×3=24
　　の式から, 3倍であることがわかります。

❷ ❶〜❹は, かける数を1増やすと, 答えがかけ
　られる数だけ増え, かける数を1減らすと, 答え
　がかけられる数だけ減ることから答えを求めま
　す。❶と❸はかけられる数を増やし, ❷と❹は減
　らすことをおさえましょう。

❹ 7問ずつ9日間やっても問題が残っていること
　から考えます。

ぜんぶで 80問

7問ずつ ➡ 9日間　　のこり ▢問

---

❺ まんじゅうは9×6=54(個)必要ですが, 50個
　しかなく, 54−50=4(個)たりません。

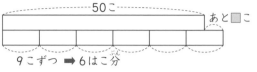

50こ　　あと ▢こ

9こずつ ➡ 6はこ分

❻ バラの花とカーネーションの花の本数が比べら
　れるよう, テープ図を縦に並べてかきましょう。
　九九で求めた本数に, 残りの本数をたします。

6本ずつ ➡ 9たば　　のこり 3本

バラ
カーネーション

7本ずつ ➡ 8たば　　のこり 6本

アドバイス

学習のねらい　　P.40〜43

　ここでは, 6, 7, 8, 9の段の構成を理解し,
九九を確実に唱えられるようにします。特にそ
れぞれの段の答えの増え方(6つずつ, 7つずつ
など)の規則性をとらえさせます。九九は今後
の乗除計算(かけ算やわり算)の基本となります
ので, 前の単元(5, 2, 3, 4の段の九九)と合
わせて, しっかりと練習しておきましょう。
〈つまずきやすい九九〉
　九九の暗唱で誤りの多いものに, 次のような
ものがあります。
　　三の段　3×7, 3×8
　　四の段　4×3, 4×6, 4×7, 4×8
　　六の段　6×4, 6×7, 6×8
　　七の段　7×3, 7×4, 7×6, 7×8
　4と7は, 発音が「し」「しち」と似ているた
め, また, かける数の8は「はち」「ぱ」「は」
といろいろな発音に変わるために間違えやすい
ようです。
　それぞれの九九の唱え方の練習をくり返し続
けるとともに, つまずきやすい九九をしっかり
把握し, 正しい九九の答えを見つけられるよう
な力をつけさせましょう。

れいだい1
① しき 2×4=8　　答え 8こ
② しき 1×4=4　　答え 4こ

1 ❶7　❷4　❸3　❹8
　❺6　❻1

2 ❶1の 6つ分は $\boxed{1}\times\boxed{6}$
　❷1の $\boxed{9}$ 倍は 1×9

3 しき 1×5=5　　答え 5さつ

れいだい2
① 4×3の 答えは ○
② 答えが 18の ところは △
③ $\boxed{7}$ のだん

	かける数								
	1	2	3	4	5	6	7	8	9
1	1	2	3	4	5	6	7	8	9
2	2	4	6	8	10	12	14	16	18
3	3	6	9	12	15	18	21	24	27
4	4	8	12	16	20	24	28	32	36
5	5	10	15	20	25	30	35	40	45
6	6	12	18	24	30	36	42	48	54
7	7	14	21	28	35	42	49	56	63
8	8	16	24	32	40	48	56	64	72
9	9	18	27	36	45	54	63	72	81

(かけられる数 ＝ 縦)

4 ❶1×8, 2×4, 4×2, 8×1
　❷3×8, 4×6, 6×4, 8×3
　❸4×9, 6×6, 9×4

5 $\boxed{7}$ のだん

考え方
3 1週間に1冊ずつで、5週間なので、かけ算の式は、1×5になります。
5 2の段と5の段の答えをたすと、7の段の答えになります。

1 ❶かける　❷かけられる
2 ❶4　❷7　❸8　❹6
　❺7　❻9　❼7　❽9
3 ❶3　❷6　❸2　❹3
　❺2　❻4
4 しき 6×7=42(6ページずつ 読む)
　　　 8×5=40(8ページずつ 読む)
　　　 42-40=2
　答え (6)ページずつ (7)日間 読む
　　　 ほうが (2)ページ 多い。

5 ❶7×10　❷4×7　❸15×3
　❹6×5　❺6×15　❻8×7

6 ❶$\boxed{12}\times4=9\times4+3\times4=\boxed{48}$
　　$\boxed{12}\times10=9\times10+3\times10=\boxed{120}$
　❷168

考え方
2 計算のきまりを必ずおさえましょう。

　ポイント 次のきまりを覚えましょう。
　①○×□=□×○ 〔交換法則〕
　　かけられる数とかける数を入れかえても、答えは同じ
　②○×△+○×□=○×(△+□) 〔分配法則〕
　　かけられる数が同じ　かける数の和
　③○×△+□×△=(○+□)×△ 〔分配法則〕
　　かける数が同じ　かけられる数の和

3 ❷のポイントの②の性質は、ひき算でも成り立ちます。
○×△-○×□=○×(△-□)
　かけられる数が同じ　かける数の差
これを使って❸、❹を解くことができます。
また、ポイント③についてもひき算のときも成り立ちます。
○×△-□×△=(○-□)×△
　かける数が同じ　かけられる数の差
これを使って❺、❻を解くことができます。

5 次の分配法則を使って考えます。
○×△+□×△=(○+□)×△
○×△-□×△=(○-□)×△
○×△+○×□=○×(△+□)
○×△-○×□=○×(△-□)
❸○=8, □=7 → ○+□=15
❹○=13, □=7 → ○-□=6
❺△=7, □=8 → △+□=15
❻△=16, □=9 → △-□=7
6 ❶9×10=9×9+9×1=81+9=90
　　3×10=3×9+3×1=27+3=30です。
　❷「14」を「10」と「4」に分けます。❶の2
　　つのかけ算をたせば、❷の答えです。
　　12×14=12×10+12×4=120+48
　　=168です。

標準レベル+　　48〜49ページ

れいだい1　5463

1 ❶4129　　❷9000　　❸7600

2 ❶千八百三十七　　❷四千二百五十
❸八千九百

3 ❶5724　　❷(左から)4, 7　　❸2069

れいだい2

$$100が 18こ \begin{cases} 100が 10こ→\boxed{1000} \\ 100が 8こ→\boxed{800} \end{cases} \boxed{1800}$$

4
❶$100が 36こ \begin{cases} 100が 30こ→\boxed{3000} \\ 100が 6こ→\boxed{600} \end{cases} \boxed{3600}$

❷100を 50こ あつめた 数は $\boxed{5000}$ です。

❸6300は, 100を $\boxed{63}$ こ あつめた 数 です。

5 ❶1300　　❷1200
❸1000　　❹500
❺300　　❻300

考え方

1 ❶千の位が4, 百の位が1, 十の位が2, 一の位 が9になります。❷千の位が9になります。それ 以外の位には0を書きます。❸千の位が7, 百の 位は6になります。十の位と一の位には0を書き ます。

2 ❶ 千の位が一(一は省略して書きません), 百の 位が八, 十の位が三, 一の位が七になります。
❸ 千の位が八, 百の位が九になります。

5 100の何個分かで考えます。
❶800+500→8個+5個=13個
→800+500=1300
❹700−200→7個−2個=5個
→700−200=500

ハイレベル++　　50〜51ページ

1 ❶4029　　❷7002　　❸8601

2 ❶四千七百五　　❷六千十四　　❸七千九

3 ❶4360　　❷4500　　❸2348　　❹3989

4 1900まい

5 7430円

6 1675, 1685, 1695, 1785, 1795

7 334円

8 10円玉…3こ, 5円玉…5こ

考え方

3 ❶ 1000が4個で4000, 10が36個で360, あわせて4360です。
❷ 1000が2個で2000, 100が25個で 2500, あわせて4500です。
❸ 100が23個で2300, 1が48個で48, あ わせて2348です。
❹ 100が34個で3400, 10が57個で570, 1が19個で19, あわせて3989です。

4 100枚入りを12ふくろ→1200枚
50枚入りを10ふくろ→500枚
10枚入りを20ふくろ→200枚
あわせて1900枚

5 1000円札が5枚→5000円
500円玉が3個→1500円
100円玉が7個→700円
50円玉が3個→150円
10円玉が8個→80円
あわせて7430円

6 百の位が6のとき, 十の位には, 7, 8, 9が入 ります。百の位が7のときは, 十の位には, 8, 9 が入ります。

7 おつりは500円玉, 100円玉, 50円玉, 10円 玉, 5円玉, 1円玉が1個ずつで666円だから, 買った物は, (1000−666)円です。

8 500円玉が4個→2000円
100円玉が6個→600円
1円玉が5個→5円
あわせて2605円
2660円から2605円を取ると, 残りは55円に なります。
8個ある10円玉と5円玉の合計が55円になる組 み合わせを考えると, 10円玉が3個, 5円玉が5 個のときに, 55円になります。

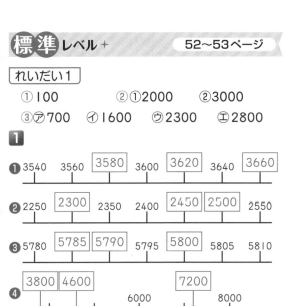

れいだい1
① 100   ②① 2000   ② 3000
③⑦ 700   ④ 1600   ⑦ 2300   ㊀ 2800

1

❶ 3540 3560 [3580] 3600 [3620] 3640 [3660]

❷ 2250 [2300] 2350 2400 [2450] [2500] 2550

❸ 5780 [5785] [5790] 5795 [5800] 5805 5810

❹ [3800] [4600]   6000   [7200]   8000

れいだい2
① 10000   ② 1000   ③ 9999   ④ 100

2 ❶ 2315 [<] 3315   ❷ 5909 [<] 6008

    ❸ 4867 [>] 4678   ❹ 8201 [>] 8012

3 ❶ 6000   ❷ 7000   ❸ 64

考え方
1 ❶は20とび, ❷は50とび, ❸は5とびに並んでいます。❹10目盛りで2000を表しているので, 1目盛りの大きさは200です。
2 ❶❷ 千の位の数字で判断します。
    ❸❹ 百の位の数字で判断します。

❶ ❶600   ❷45   ❸100, 10
   ❹100   ❺4990   ❻7190   ❼9985

❷

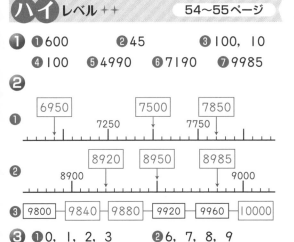

❶ [6950] 7250 [7500] 7750 [7850]

❷ [8920] [8950] [8985] 8900 … 9000

❸ [9800]―[9840]―[9880]―[9920]―[9960]―[10000]

❸ ❶0, 1, 2, 3   ❷6, 7, 8, 9
   ❸4, 5, 6, 7

❹ ❶1036   ❷8630   ❸8063   ❹1083
   ❺6831   ❻3016   ❼1368

考え方
❶ ❶ 3640をそれぞれの位ごとに分けて考えると, 3000と600と40になります。
❷ 4530を, 4500と30に分けて考えると, 4500は100を45個, 30は1を30個集めた数です。
❸ 7600を, 7000と600に分けて考えると, 7000は100を70個, 600は10を60個集めた数です。
❹ 100が10個で1000, 100が100個で10000になります。10000を右のように考えるとわかりやすいでしょう。

    100 ↑ 10000 ↑ 100こ

❷ ❶ 1目盛りの大きさは50です。
❷ 1目盛りの大きさは5です。
❸ 数は40とびに並んでいます。

❸ ❶ 千と百の位は同じ大きさで, 一の位は左の数が大きいので, □は4より小さい数になります。
❷ 千の位は同じ大きさで, 十の位は右の数の方が大きいので, □は5より大きい数になります。
❸ 3つとも千の位は同じ大きさです。十の位の数を比べると, □には3より大きく, 8より小さい数が入ることがわかります。

❹ ❶ 4けたの数の千の位に, 0はおけないので1をおき, 百の位から小さい順にカードをならべます。
❷ 千の位から数の大きい順にならべると, 8631がいちばん大きい数になります。一の位のカードを0にすると, 2番目に大きい数になります。
❸ 百の位に0をおき, 残りの位に左から数の大きい順にカードをならべます。
❹ 十の位に8をおき, さらに千の位に1をおき, 残りの位に左から数の小さい順にカードをならべます。

❺

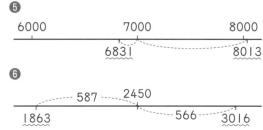

❻

❼ 小さい順に，1036，1038，1063，1068，
1083，1086，1306，1308，1360，
1368，1380，1386，……となります。

7章 たし算と ひき算

標準 レベル+　　　　　　　56〜57ページ

れいだい1

① はじめに あった [12] こ　買って きた □ こ
ぜんぶで [25] こ

② **しき** 25−12=13　　　**答え** 13こ

❶ ①

はじめに あった □ 本
くばった [15] 本　のこり [7] 本

② **しき** 15+7=22　　**答え** 22本

れいだい2

①
はじめに いた □ 人　後から 来た [16] 人
みんなで [30] 人

② **しき** 30−16=14　　**答え** 14人

❷ ①

はじめに あった [25] まい
あげた □ まい　のこり [16] まい

② **しき** 25−16=9　　**答え** 9まい

考え方

❶ 問題文を読んだら，まず「わかっていること」と
「聞かれていること」を明確にしましょう。

わかっていること…鉛筆が何本かあって，15本
配ったので，残りが7本になりました。

聞かれていること…鉛筆は，はじめに何本ありま

したか。

次にわかっている数がテープ図の中のどこにある
のかを考えて，図に数を書きます。

そして，問題文で聞かれていることはテープ図の
中のどこにあたるのかを考えます。この場合は，
「はじめにあった ▢本」の部分です。そこから，
求めるための式を考えて答えを出します。

❷ わかっていること…シールが25枚あって，妹
に何枚かあげたので，残りが16枚になりました。

聞かれていること…妹にあげた枚数は何枚ですか。

これをもとにテープ図をかきます。

聞かれているのは，「あげた ▢まい」の部分で
す。

ハイ レベル++　　　　　　　58〜59ページ

❶ （れい）

はじめに あった 24まい　買って きた □ まい
ぜんぶで 42まい

しき 42−24=18　　**答え** 18まい

❷ （れい）
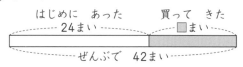
はじめに とまって いた □ 台　後から きた 15台
ぜんぶで 35台

しき 35−15=20　　**答え** 20台

❸ （れい）
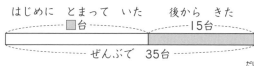
はじめに あった 45こ
のこり 37こ　食べた □ こ

しき 45−37=8　　**答え** 8こ

❹ （れい）
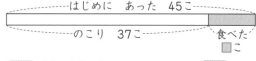
男の子 67人　女の子 56人
いす □ こ　すわれない 35人

しき 67+56=123
123−35=88　　**答え** 88こ

❺
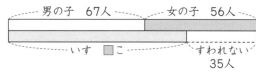
はじめ [23] まい　お母さんから 15まい　お姉さんから もらった □ まい
きのう 11まい　今日 16まい　のこり [20] まい

しき 11＋16＋20＝47
　　　47－23－15＝9　　答え 9まい

考え方

❶ 正しく式がつくれるように，解答にかかれているようなテープ図を自力でかけるようにしましょう。

わかっていること…カードが24枚あって，何枚か買って来たら，全部で42枚になりました。

聞かれていること…買って来た枚数は何枚ですか。

❷ わかっていること…駐車場に車が何台か停まっていて，15台入って来たら35台になりました。

聞かれていること…はじめに停まっていたのは何台ですか。

❸ わかっていること…みかんが45個あって，何個か食べたら残りは37個になりました。

聞かれていること…食べたみかんは何個ですか。

❹ テープ図は，男の子の人数と，女の子の人数を横に並べて，いすの個数と比べられるようにします。

人数は男の子と女の子を合わせて67＋56（人）が，1人がけのいすに座っていくと，35人が座れなかったから，いすの数は人数分よりも少なくなり，（男女の合計人数）－35（個）で求めることができます。

❺ 問題文の条件を整理します。はじめにあった枚数と，お母さんとお姉さんからもらった枚数をすべてたしたものが，昨日と今日使った枚数，残りの枚数を合わせた枚数に等しいです。

数量が多く複雑なので，テープ図をかくときには，それぞれを整理しながらかきましょう。問題の図にあるように，たとえば「はじめにあった枚数」と「もらった枚数」を図の上側に，「昨日」「今日」「残り」を図の下側に並べておくとわかりやすいでしょう。

問題の図がかかれていなくても，自力で図をかいて，式をつくって答えを出すことができるかどうか，確認しておきましょう。

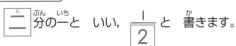

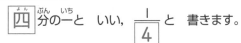

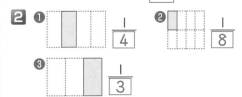

考え方

❶ もとの大きさの $\frac{1}{2}$ は，もとの大きさを，同じ大きさに2つに分けた1つ分です。下のように色をつけた部分も，もとの大きさの $\frac{1}{2}$ です。

❷ ❶ もとの大きさを同じ大きさに4つに分けた1つ分の大きさです。

　❷ もとの大きさを同じ大きさに8つに分けた1つ分の大きさです。

　❸ もとの大きさを同じ大きさに3つに分けた1つ分の大きさです。

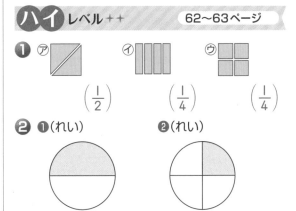

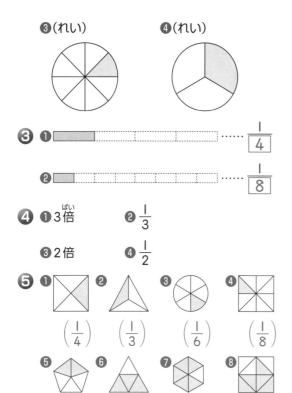

❸(れい)　　❹(れい)

❸❶ ［テープ図］ …… $\dfrac{1}{4}$

❷ ［テープ図］ …… $\dfrac{1}{8}$

❹❶ 3倍　　　❷ $\dfrac{1}{3}$

❸ 2倍　　　❹ $\dfrac{1}{2}$

❺❶ $\left(\dfrac{1}{4}\right)$　❷ $\left(\dfrac{1}{3}\right)$　❸ $\left(\dfrac{1}{6}\right)$　❹ $\left(\dfrac{1}{8}\right)$

❺ $\left(\dfrac{2}{5}\right)$　❻ $\left(\dfrac{3}{4}\right)$　❼ $\left(\dfrac{5}{6}\right)$　❽ $\left(\dfrac{5}{8}\right)$

考え方

❶ ㋐ もとの大きさを同じ大きさに2つに分けた1
つ分の大きさです。

　㋑㋒ もとの大きさを同じ大きさに4つに分け
た1つ分の大きさです。

❷ 色を塗る場所は，それぞれで分けたうちのどこ
かの1つ分に塗ってあれば正解です。

❸❶ もとの大きさを同じ大きさに4つに分けた1
つ分の大きさです。

　❷ もとの大きさを同じ大きさに8つに分けた1
つ分の大きさです。

❹ ㋑のテープは㋐の2つ分，㋓のテープは㋐の4
つ分であることから考えます。2を2倍すると，4
なので，㋑の「2」は，㋓の「4」の $\dfrac{1}{2}$ になります。

❺ まず，図形がいくつに分かれているかを考えま
す。次に，この分かれている部分の中で，いくつ
分の色が塗られているかを考えます。分数を使っ
た区分けは紙を半分に折っていくときと同じよう
に考えます。

❶
4	9	2
3	5	7
8	1	6

❷
4	3	8
9	5	1
2	7	6

考え方

❶ 真ん中縦の「9と5と1」から，この魔方陣の1
つ分の合計が9+5+1=15であることがわかり
ます。右上は，右上ななめの「8+5=13」から，
15−13=2，右下は，その横のたし算「8+1
=9」から，15−9=6などと，わかっているとこ
ろをうめていきます。

❷ 1〜9までの数字をすべてたし算すると，45で
す。これまでの問題で，（3ます）×（3ます）の魔
方陣の1つ分の合計は，15でした。

この「15」という数字は，15+15+15=45と，
3倍すると45になることと関係しています。つ
まり，（3ます）×（3ます）で魔方陣になるために
は，縦，横の1つ分がいずれも15になることが
必要です。

この観点で，❷を解いてみましょう。

左の図で，
4+㋐+6=15だから，
㋐は5
2+5+㋑=15だから，
㋑は8

また，2+㋒+6=15だから　㋒は7と考えます。

㋐〜㋒を入れた左の図で，
4+㋓+8=15だから
㋓は3です。
4+㋔+2=15だから
㋔は9です。

また，8+㋕+6=15だから　㋕は1です。

標準レベル+　66～67ページ

れいだい1

ア [7] mm

イ [6] cm [5] mm

ウ [12] cm [1] mm

1　⑤6cm2mm

　　⑥1cm8mm

　　⑦4cm5mm

2　❶3cm= [30] mm

　　❷80mm= [8] cm

　　❸5cm4mm= [54] mm

　　❹62mm= [6] cm [2] mm

れいだい2

　①8cm5mm+6cm= [14] cm [5] mm

　②12cm7mm−8cm= [4] cm [7] mm

3　❶13cm5mm+4cm= [17] cm [5] mm

　　❷12cm6mm−7cm= [5] cm [6] mm

　　❸5cm+9cm4mm= [14] cm [4] mm

　　❹7cm9mm−6cm= [1] cm [9] mm

　　❺5cm+11cm3mm= [16] cm [3] mm

　　❻8cm6mm−5mm= [8] cm [1] mm

　　❼15cm3mm+4cm5mm= [19] cm [8] mm

　　❽10cm6mm−7cm2mm= [3] cm [4] mm

考え方

1　ものさしの目盛りを正確に読むためには、目盛りのしくみを把握しておかなければなりません。いちばん短い目盛りが1mm、少し長い目盛りが5mm、そしていちばん長い目盛りが1cm、さらに5cmごとの点印、10cmごとの大きな印があります。これらの目盛りを使って、大きい目盛りから見ていくと読み取りやすくなります。

2　**ポイント**　1cm＝10mmの関係を理解して解く問題です。この関係は、1cmの長さを10等分した1つ分の長さが1mmだから、1cm＝10mmと覚えます。

3　cmどうし、mmどうしを計算することに注意します。❼15cmと4cmをたして19cm、3mmと5mmをたして8mmです。

ハイレベル++　68～69ページ

❶　❶ [8] cm

　　❷ [3] cm [7] mm

　　❸ [1] cm

　　❹ [50] mm

　　❺ [76] mm

　　❻ [140] mm

　　❼ [9] cm

　　❽ [20] cm

　　❾ [45] cm [3] mm

❷　❶17mm+23mm= [4] cm

　　❷48mm−18mm= [3] cm

　　❸4cm7mm+2cm9mm= [7] cm [6] mm

　　❹18cm3mm−6cm8mm= [11] cm [5] mm

　　❺24cm−5cm9mm−36mm= [14] cm [5] mm

❸　（しき）35cm4mm+23cm6mm=59cm

　　　　　　　　　（のこりの テープ）

　　　　59cm+35cm4mm=94cm4mm

　　　　　　　　（切る 前の テープ）

　　　　（答え）94cm4mm

❹　（しき）45cm6mm−25cm=20cm6mm

　　　　　　　　　（青い テープ）

　　　　45cm6mm+20cm6mm−5cm

　　　　=61cm2mm　（かさねた テープ）

　　　　　　　　（答え）61cm2mm

⑤ **しき** 110cm+20cm＝130cm
（はじめの テープの 半分の 半分の 長さ）

130cm+130cm＝260cm

（半分の 長さ）

260cm+260cm＝520cm

（はじめの テープの 長さ）

答え 520cm

考え方

❷ 「6cm16mm」などと，mmの数を2けたで答えず，「10mm→1cm」とまとめましょう。

❶ 17mm+23mm＝40mm＝4cm

❷ 48mm−18mm＝30mm＝3cm

❸ 4cm7mm+2cm9mm＝6cm16mm
＝7cm6mm

❹❺は，3mm−8mmなど，mmだけ見ても計算できない式です。18cm3mm→17cm13mmなどと，1cmのまとまりを10mmに置き換えます。

❹ 18cm3mm−6cm8mm＝17cm13mm
−6cm8mm＝11cm5mm

❺ 24cm−5cm9mm−36mm
＝23cm10mm−5cm9mm−36mm
＝18cm1mm−3cm6mm
＝17cm11mm−3cm6mm＝14cm5mm

❸ 切る前のテープの長さは，
35cm4mm+23cm6mm+35cm4mm
＝94cm4mm

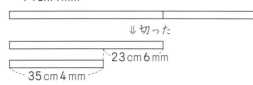

❹ 赤いテープは45cm6mm，青いテープは赤いテープより25cm短いから20cm6mmになります。つなげたときの重なりを忘れずに計算します。

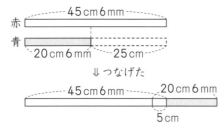

⑤ はじめのテープの半分の半分の長さは130cmになります。130cmの2倍である260cmを2倍すれば，はじめの長さになることを確かめましょう。

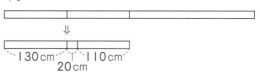

標準レベル+ 　70〜71ページ

れいだい1 120cm, 1m20cm

1 ❶1m32cm

❷132cm

2 ❶300cm＝3m

❷6m＝600cm

❸4m30cm＝430cm

❹508cm＝5m8cm

3 7m, 700cm

れいだい2

①1m20cm+60cm＝1m80cm

②6m40cm−3m＝3m40cm

4 ❶5m30cm+4m＝9m30cm

❷12m60cm−7m＝5m60cm

❸3m20cm+40cm＝3m60cm

❹7m90cm−56cm＝7m34cm

❺2m30cm+5m50cm＝7m80cm

❻8m70cm−5m40cm＝3m30cm

❼12m40cm+6m55cm＝18m95cm

❽25m60cm−13m50cm＝12m10cm

考え方

4 mどうし，cmどうしを計算します。

❶ ⓐ6m50cm 　 ⓘ4m70cm 　 ⓤ3m20cm

❷ ❶ 7 m 　 ❷ 5 m 80 cm ❸ 6 m

　 ❹ 739 cm 　 ❺ 1400 cm 　 ❻ 18 m 4 cm

❸ ❶825cm−325cm= 5 m

　 ❷1m60cm+57cm= 2 m 17 cm

　 ❸8m12cm−5m27cm= 2 m 85 cm

❹ **しき** 1m50cm+1m50cm=3m(2つ分)
　　 3m−15cm=2m85cm

　　　　　　　　 答え 2m85cm

❺ **しき** 125cm+125cm+125cm+185cm
　　 +185cm=745cm(5本分)
　　 5cm+5cm+5cm+5cm=20cm
　　　　　　　　 (かさなりの　長さ)
　　 745cm−20cm=725cm=7m25cm

　　　　　　　　 答え 7m25cm

❻ **しき** 1m75cm−90cm=85cm
　　　　　　　　 (白い　テープ)
　　 1m75cm+85cm=2m60cm
　　　　　　　　 (青い　テープ)
　　 1m75cm+85cm+2m60cm=5m20cm
　　 5m20cm−5cm−5cm=5m10cm

　　　　　　　　 答え 5m10cm

考え方

❶ 長い物の長さをはかるには，巻尺を使いますが，0mの位置や，目盛りのつけ方，また何mまではかれるかが，巻尺によって異なることも理解しておくといいでしょう。この問題では，大きな目盛りが1m，いちばん小さな目盛りが10cmであることを把握します。まず大きな目盛り1mから読み，はした(残りの部分)を10cm単位ではかります。

❸ 100cm→1mと，まとまりを考えて計算していきます。❸は，12cm−27cmが計算できないので，ひかれる方の1m(100cm)を含めて考えます。

　❶ 825cm−325cm=500cm=5m

　❷ 1m60cm+57cm=1m117cm=2m17cm

　❸ 8m12cm−5m27cm
　　 =7m112cm−5m27cm=2m85cm

❹ 「横の長さは，縦の長さの2つ分より15cm短い」を図にすると，下の図のようになります。

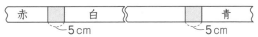

たての　長さ
よこの　長さ

❺ 3本のテープと2本のテープを重ねることに注意します。5本分のテープをつなげるので，重なる部分は4つになります。つまり，5cmの4つ分で20cmが重なる部分なので，テープの長さの合計から，この20cmを取り除いたものが答えです。

❻ 白いテープと，青いテープがそれぞれ何m何cmかを求めて，下の図のように5cmのつなぎ目でつなぎ合わせることから，全体の長さを求めます。

赤　　白　　青
　　5cm　　5cm

れいだい1

　① 1dLの 5 つ分, 5 dL

　② 1 L 5 dL, 1Lは 10 dL

　③ 1000mLは 1 L

❶ ❶12dL(1L2dL)
　 ❷2L6dL

❷ ❶ 4 L 　　　　　❷ 1 L
　 ❸ 1000 mL

れいだい2

　①3L5dL+4L3dL= 7 L 8 dL

　②6L4dL−3L2dL= 3 L 2 dL

❸ ❶5L7dL+4L= 9 L 7 dL
　 ❷12L5dL−7L= 5 L 5 dL
　 ❸9L5dL+7L4dL= 16 L 9 dL
　 ❹15L8dL−7L6dL= 8 L 2 dL

❹ ❶mL 　 ❷L 　 ❸dL 　 ❹mL

考え方

❸ Lどうし，dLどうしを計算します。

❶ ❶ 1dLと 同じ 大きさの かさは [100] mL

❷ 50dL＝ [5] L

❸ 4L3dL＝ [43] dL

❹ 350mL＝ [3] dL [50] mL

❺ 2L＝ [2000] mL

❷ ❶ [5] L [2] dL　　❷ [3] L [2] dL

❸ [4] dL　　❹ [3] L [4] dL

❺ [3] L [320] mL　　❻ [1] L [4] dL

❼ [4] L [5] dL　　❽ [2] L [9] dL [20] mL

❸ ❶ 4L [>] 39dL　　❷ 800mL [=] 8dL

❸ 1L3dL [<] 1320mL

❹ 2050mL [<] 25dL

❺ 510mL [>] 5dL7mL

❻ 34dL [=] 3L400mL

❹ ❶ しき 2L＋18dL＋980mL＝4780mL
　　　　　　　　　答え 4780mL

❷ しき 18dL＋980mL＝2780mL
　　　　　（ジュース＋牛にゅう）
　　　2780mL－2L＝780mL
　　　　　　　　　答え 780mL

❺ しき 930mL－270mL＝660mL
　　　　　（りんごジュース）
　　　660mL－180mL＝480mL
　　　　　　　　　答え 480mL

考え方

❶ ❶ 1dL＝100mLを覚えておきましょう。

　❷ 10dL＝1Lなので，50dL＝5Lです。

　❸ 4L＝40dLなので，40dL＋3dL＝43dLです。

　❹ 100mL＝1dLなので，300mL＝3dLです。

　❺ 1L＝1000mLです。

❷ 10dL→1L，1000mL→1Lなど，答えを大きな単位で繰り上げられるときは，繰り上げて答えましょう。

❶ 3L4dL＋1L8dL＝4L12dL＝5L2dL

❷ 7L＝6L10dL として計算します。
　7L－3L8dL＝6L10dL－3L8dL＝3L2dL

❸ 1230mL－830mL＝400mL＝4dL

❹ 2L5dL＋900mL＝2L5dL＋9dL
　＝2L14dL＝3L4dL

❺ 2L850mL＋470mL＝2L1320mL
　＝3L320mL

❻ 52dL－3L8dL＝52dL－38dL＝14dL
　＝1L4dL

❼ 聞かれているのが，「何L何dL」なので，「dL」で単位を合わせると計算しやすくなります。
　6L1dL－1600mL＝61dL－16dL＝45dL
　＝4L5dL

❽ 1520mL＋1L4dL
　＝1L5dL20mL＋1L4dL＝2L9dL20mL

❸ ❶ 4Lは40dLなので，39dLより大きいです。

　❸ 1L3dL＝1300mLなので，1320mLより小さいです。

　❹ 25dL＝2500mLなので，2050mLは25dLより小さいです。

　❺ 5dL7mL＝507mLなので，510mLは5dL7mLより大きいです。

❹ ❶ mLで答えるので，単位を「mL」にそろえます。
　　2L＋18dL＋980mL＝2000mL＋1800mL＋980mL＝4780mL

　❷ ジュースと牛乳は，❶の答えを使って，4780mL－2L＝2780mLと計算しても構いません。

❺ 3つの数量を考えるので，下のような図をかくとわかりやすいでしょう。3つの中で，トマトジュースがいちばん少なくなります。

標準 レベル＋

【78～79ページ】

れいだい

①
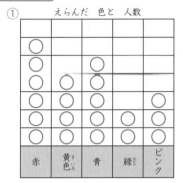

えらんだ 色と 人数

② 5 人

③

えらんだ 色と 人数

色	赤	黄色	青	緑	ピンク
人数	6	4	5	2	3

1 ❶赤　　❷緑　　❸1人

2 ❶

えらんだ 形と 人数

❷ 4 人

❸

えらんだ 形と 人数

形	つる	セミ	かぶと	風車	コップ
人数	5	4	4	3	4

❹2人

考え方

1 ❶ 人数がいちばん多い色は6人の赤です。

　❷ 人数がいちばん少ない色は2人の緑です。

　❸ 黄色は4人，ピンクは3人です。

2 ❹ つるを選んだ人は5人，風車を選んだ人は3人です。

ハイ レベル＋＋

【80～81ページ】

1 ❶7人　　❷7人　　❸14人

2 ❶ぶどう　　❷6人　　❸39人

3 ❶11人　　　　　　❷11人

4 ❶(上から)30，34，30，28，26

　❷あやか(5, 5)　　ひろき(6, 6)

考え方

1 まず，表の見方を理解させます。例えば，下図の❸は，赤いさいころの目が1，青いさいころの目が4だった人が3人いることを表しています。

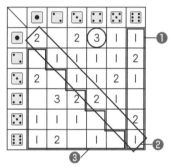

　❶ 上の図から，「青の6を出した人」が右端の縦6つにいることがわかるので，

　　1＋2＋1＋2＋1＝7(人)

　❷ 上の図から，2＋1＋1＋2＋1＝7(人)

　❸ 上の図の，左下部分の人数を数えると，2＋3＋2＋1＋1＋1＋2＋1＝14(人) です。

　❷の人数は同じ目の人数になることに注意しましょう。

2 「正」の漢字は1本ずつ線を書いて1から5まで数えることができます。5より大きな数を数えるときは正の字を増やします。正の字で書かれたものを右の表のように書き直すことができます。

くだもの	人数(人)
もも	9
りんご	6
ぶどう	7
バナナ	12
そのた	5

　❶ 3番目に人数が多いのは7人のぶどうです。

　❷ りんごが好きな人は6人，バナナが好きな人は12人です。

　❸ クラスの人数は，表の人数を合計して求めます。

　　9＋6＋7＋12＋5＝39(人)

❸

2回目＼1回目	0点	1点	2点	3点	4点	5点
0点	1	1				
1点	2	1	1			
2点		1	3	5		
3点			4	1	2	
4点				2	3	1
5点				1	1	2

❶ 1回目も2回目も同じ点の人のところは，上の表の灰色の部分になります。

❷ 1回目より2回目の方が点の高い人のところは，上の表の水色の部分になります。

❹ さいころの目のところを点数に直すと以下のような表になります。いちばん小さい目を出した人が5点です。得点のしくみによく注意して点数に表しましょう。

人＼回	1	2	3	4	5	6	合計
まもる	7	3	5	3	7	5	30
あやか	3	7	5	7	5	7	34
しんじ	7	5	3	7	3	5	30
なつき	3	3	7	5	7	3	28
ひろき	5	5	3	7	5	3	26

❷ 7回目，8回目の点のとり方は，（3，3）（3，5）（3，7）（5，3）（5，5）（5，7）（7，3）（7，5）（7，7）の9通りあります。8回目で5人のそれぞれの合計点数が同じになるには，6回目までで最高点だったあやかさんだけが，7回目と8回目でいちばん少ない点のとり方をし，最低点だったひろきさんだけが，7回目と8回目でいちばん多い点のとり方をしなければなりません。ここで，まもるさんが，2回とも同じ目を出し，同じ点数だったことを読み取ります。7回目と8回目のまもるさんの点数は3点ずつでも7点ずつでもないことから，⚁の目で5点ずつをとらなければなりません。いちばん小さい目が5点になるので，7回目も8回目も，出た目の数がいちばん大きかったのは⚅で，いちばん小さかったのが⚁となります。ですから，あやかさんの出した目はいずれも⚅，ひろきさんの出した目はいずれも⚁だったことがわかります。

11章 時こくと 時間

標準 レベル＋ 　　82〜83ページ

れいだい1
　①午前6時半（午前6時30分）
　②午後4時20分

1 ❶午前7時　　　　❷午後8時50分

れいだい2
　① 2 時間
　② 3 時間
　③ 5 時間

2 ❶1時間は 60 分です。
　❷午前は 12 時間，午後は 12 時間です。
　❸夜の 12時の ことを 午前 0時といいます。
　❹午後0時は 正午 とも いいます。

考え方

1 午前と午後，1日の時間をしっかりおさえておきましょう。

ポイント

1日＝24時間，1時間＝60分

2 ❷ 午前は12時間，午後も12時間，1日は24時間です。

　❸❹「正午」「0時」の言い方も生活の中で身に付けていきます。

ハイ レベル＋＋ 　　84〜85ページ

1 ❶午前7時25分　　❷午前2時55分
　❸午後4時43分　　❹午後11時10分

2 ❶午後 1 時
　❷午後 8 時
　❸午前 9 時 20 分

④ **2** 時間 **25** 分

❸ ❶5時間30分　　　❷7時間55分

❹ ❶ **しき** 25分＋15分＝40分
　　　　2時50分−40分＝2時10分
　　　　　　答え 午後2時10分

　❷ **しき** 45分＋10分＋25分＝80分
　　　　2時50分＋80分＝4時10分
　　　　　　答え 午後4時10分

考え方

❶ ❶ 朝の7時25分なので，午前をつけましょう。

　❷ 夜の2時55分を「午後」とする間違いが多く見られます。午後の2時55分は「外で遊んでいる時間」「おやつを食べている時間」と，夜の2時55分は「いつも寝ている時間」「これから朝になる時間」と，それぞれイメージするとよいでしょう。午前は真夜中からはじまっていることを確認しましょう。

　❹ 夜の11時10分なので，午後をつけます。❷と同じく，夜遅くなので理解しにくい問題です。

❷ ❶ 午前と午後をまたぐ時間を求めるときに，つまずくケースが多く見られます。指を使って「8，9，10，11，12」と数えていきますが，「12のあとは1に戻る」ことに注意しましょう。この問題では，午前7時から正午までで5時間，あと1時間だから午後1時というように，正午で区切って考えましょう。

　❷ 午後3時30分から4時間経つと午後7時30分。そこからさらに30分経つと午後8時になります。

　❸ 午後4時20分の7時間前なので，正午をまたぎます。4時間前で午後0時20分（12時20分）。そこから3時間前だから午前9時20分と，段階をふんで考えます。

　❹ 午前9時15分から2時間経つと午前11時15分。11時15分から11時40分までは25分です。

❸ 短い針と長い針がどれだけ動いたか考えます。

　❶ 短い針…7→12　　5時間 ⎫
　　長い針…5→11　　30分 ⎬5時間30分
　　　　　　　　　　　　　⎭

❷ 短い針…9→12→5　　8時間 ⎫
　　　　　　③　⑤　　　　　　⎬7時間55分
　　長い針…2→1　（5分戻る）⎭

❹ ❶ 午後3時の10分前は午後2時50分です。家から店までの25分と，おしゃべりをした15分を合わせて40分です。2時50分から40分前の時刻が，家を出た時刻です。

　❷ 店にいた45分と休憩の10分，店から家までの25分を合わせると，80分になります。家に着いた時刻は，❶の午後2時50分から80分経った時刻になります。80分は「1時間20分」と考えます。
　2時間＝60分＋60分＝120分なので，　2時50分＋80分＝2時130分＝4時10分と考えてもよいでしょう。

アドバイス

学習のねらい　　　　　　P.82〜85

　「正午」のことを「午後0時」と表現することがあります。「午前10時→午前11時→」と進んでいって，「午後0時」になります。

　正午を「午前12時」と表記するのは，まったく使わない訳ではないですが，12時になると午前と午後が切り替わるので，夜の12時なのか昼の12時なのか，わかりにくくなります。

　昼の12時台の時刻は「午後0時●分」で，夜の12時台の時刻は「午前0時●分」で，後の「1時→2時→…」に続く形になるように表すとわかりやすいでしょう。

12章　形

標準レベル＋　　　86〜87ページ

れいだい1 ①い，え，お，か，け，こ，さ，し
　　　　②か，こ　　　　　③い，け，さ

1 ❶直線　　　❷ちょう点　　　❸へん

れいだい2 ①あ，き　　①う，か　　③お，く

2 ❶直角　　　❷長方形　　　❸正方形

考え方

れいだい1

ポイント どういうときに三角形・四角形であるかを理解しましょう。

・三角形…3本の直線で囲まれた図形
・四角形…4本の直線で囲まれた図形

曲線をふくむ図形に注意しましょう。

あ…曲線があるので，三角形ではありません。

い…4本の直線で囲まれた四角形です。

う…閉じていないので，三角形ではありません。

え…5本の直線で囲まれた図形(五角形)です。

お…6本の直線で囲まれた図形(六角形)です。

か…3本の直線で囲まれた三角形です。

き…閉じていないので，四角形ではありません。

く…曲線があるので，三角形ではありません。

け…4本の直線で囲まれた四角形です。

こ…3本の直線で囲まれた三角形です。

さ…4本の直線で囲まれた四角形です。

し…5本の直線で囲まれた図形(五角形)です。

1

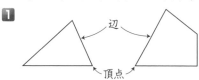

2 4つのかどが直角で4つの辺の長さが同じ四角形を正方形，4つのかどが直角な四角形を長方形として分類します。

ハイ レベル++ 88〜89ページ

❶

	直角の 数	ちょう点の 数	へんの 数
正方形	4つ	4つ	4本
直角三角形	1つ	3つ	3本
長方形	4つ	4つ	4本

❷ ❶2つの 直角三角形 と 長方形
　　❷長方形 と 正方形

❸ ❶4つ分　❷4つ分　❸8つ分
　　❹5つ　❺4つ

❹ ❶12cm　❷18cm　❸12cm

❺ ①と ⑦で 長方形　　⑦と ⊐で 正方形
　　⑦と ⑪で 長方形　　⊥と ⑰で 正方形

❻ ❶6こ　　　　❷8こ

考え方

❶ **ポイント** どういうときに長方形・正方形・直角三角形であるかを理解しましょう。

長方形…4つのかどが直角である四角形

正方形…4つのかどが直角で，4つの辺の長さが同じである四角形

直角三角形…直角のかどがある三角形

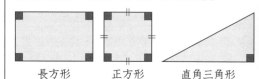

長方形　　　正方形　　　直角三角形

❷ かどが直角かどうかを見ます。

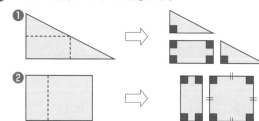

❸ ❶ ⑰は⑦の4つ分です。

❷ ⊥は①の4つ分です。

❸ この図は①の8つ分になります。

❹，❺ 直線で分けられた四角形だけでなく，それらを組み合わせてできる四角形にも着目しましょう。

❹ 正方形は5つあります。

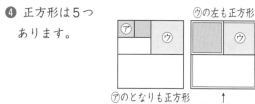

⑦のとなりも正方形　　　全体の形も正方形

❺ 長方形は4つあります。

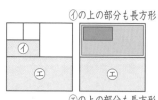

⊥の上の部分も長方形

なお，中学校では正方形は長方形の一部として扱いますが，小学校では正方形と長方形とを分けて考えるので，本問もそれに従っています。

④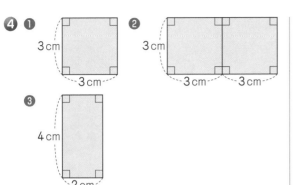

⑤ それぞれの三角形の直角をはさむ2辺の長さを よく見て，正しい組み合わせを見つけましょう。

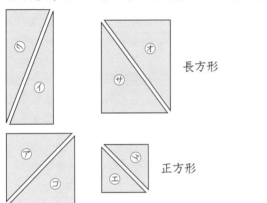

長方形

正方形

⑥ 直角の部分に着目して，重なる図形も見つけま す。縦，横，斜めに線を引いています。横に引い た線と，縦に引いた線で直角がつくられていま す。長方形の中に引かれた線を使って直角ができ ることに注意しましょう。
このように，縦や横に縞をえがくように引いた線 のことを「平行」な線といいます。
内側にある三角形は数えにくいので，下の図のよ うにいくつか同じ長方形をかいてから，直角三角 形を見つけていくと良いでしょう。斜めに引いた 線を境にして，上側と下側に直角三角形ができる ことに注意しながら数えていきましょう。

❶

❷

標準 レベル＋ 　　　　90〜91ページ

れいだい1 ①長方形
②6つ
③2つずつ
1 ❶正方形　　　　　　❷6つ
2 ⑦
れいだい2
①● 6cm… 4 本　　● 8cm… 4 本
● 15cm… 4 本
②8こ
3 ❶8こ
❷2cm…4本　　 4cm…4本　　 6cm…4本
4 ❶⑦正方形　　⑦長方形
❷⑦2つ　　⑦4つ
❸20cm

考え方
1 さいころの形は6つの面がすべて正方形ででき ています。
2 展開図を見ると，同じ大きさの長方形の面が2 つずつ3組あります。
3 　ポイント　箱の形は，面が6つ，頂点が8つ， 辺が12本あります。
4 このような箱の形は，正方形の面が2つ，長方 形の面が4つあります。
❸ 2cm＋8cm＋2cm＋8cm＝20cm

ハイ レベル＋＋ 　　　92〜93ページ

❶ ❶⑦　　　❷⑦　　　❸⑦
❷ ❶ねん土玉　16こ，8cmの　ひご　12本
6cmの　ひご　8本，4cmの　ひご　4本
❷ねん土玉　12こ，
8cmの　ひご　12本，4cmの　ひご　8本
❸ ⑦, ⑦, ⑦
❹ ❶⑦, 6
❷⑦, ⑦, ⑦, 2
❸⑦, 4, ⑦, 2
❹⑦, 4, ⑦, 2(❸, ❹は順不同可)

❶ それぞれの箱の形には，どんな形の面が，それぞれいくつずつあるか，注意して見分けましょう。展開図の点線の部分で切り離し，それぞれどんな形の面になるかを考えると，箱の形の面と比べやすくなります。

❷ ❶ ねん土玉の部分は，箱の形の頂点なので，⑦，①に8個ずつ使います。

ひごは，⑦には8cmを4本，6cmを8本使い，①には8cmを8本，4cmを4本使います。

❷ ①を2つ重ねた形ですが，重なる部分のひごは，それぞれ1本ずつでよいので，気をつけましょう。

❸ ⑦，⑦，⑦は，それぞれ ▫ と ▪ の部分が重なってしまうので箱の形にはなりません。

❹ それぞれの辺の長さに注意して組み合わせます。

❶ 6つの面すべてが正方形のさいころの形。

❷ 2つずつ3組の長方形からなる箱の形。

❸，❹は，正方形の面が2つと，長方形の面が4つある箱の形。

思考力育成問題　94〜95ページ

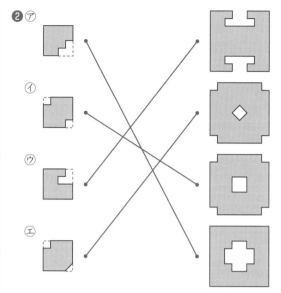

❶ 紙を半分に折って，左右に広げた様子を考えてみましょう。下の図は，①を開いていく様子を表しています。中央にある縦の線を境目として，左側と右側が，ちょうど反対の向きになります。

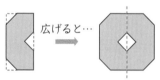
広げると…

図の左側だけを（または右側だけを）鏡にあてたときを考えると，イメージしやすいでしょう。鏡の中に映るのは，もう片方の側の図形になります。⑦〜①のそれぞれに対して，これと同じ性質になる図を線で結べば，正解です。

開いた後の右側の図のように，真ん中を境に2つ折りにすると両側がぴったり重なりあう図形を「対称な図形」といいます。

❷ ❶では左右の向きを変えましたが，上下でも向きを変えてつないでみましょう。下の図のようになります（図は①を開いた様子です）。

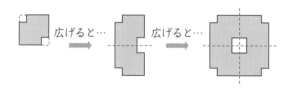
広げると…　　広げると…

しあげのテスト(1) 巻末折り込み

1 (1)① 96 　② 154 　③ 305 　④ 1000
(2)① 37 　② 108 　③ 218 　④ 366
(3)① 27 　② 26 　③ 29
④ 83 　⑤ 7 　⑥ 4

2 (1)① 32 　② 8, 15 　③ 1370
④ 58 　⑤ 1640 　⑥ 2, 9
(2)① $\frac{1}{8}$ 　② $\frac{1}{4}$
(3)① う, こ 　② お, く 　③ あ, け 　④ か

3 (1) 五千八百十三 　(2) 7406
(3) 8067 　(4) 千, 百, 十, 一
(5) 5650, 6300 　(6) 8740, 8980, 9060

4 (1) 午後 1 時 10 分 　(2) 10 分

5 (1) 41 才
(2) 白い チューリップが 69 本 多い。
(3) 41 人
(4)① 7, 8, 9 　② 0, 1, 2
(5) 24 まい

考え方

1 (1) 縦に位を揃えて計算すること，くり上がり
のときに，くり上げた1をたし忘れていない
かを確認しましょう。
(2) 縦に位を揃えて計算すること，くり下がり
のときに，1くり下がった数を小さくメモし
ておくようにしましょう。
(3)① (たし算の答え)−(たされる数)=(たす数)
35+□=62→62−35=□ だから，
62−35=27
② (ひかれる数)−(ひき算の答え)=(ひく数)
74−□=48→74−48=□ だから，
74−48=26
③ (たし算の答え)−(たす数)=(たされる数)
□+27=56→56−27=□ だから，
56−27=29
④ (ひき算の答え)+(ひく数)=(ひかれる数)
□−27=56→56+27=□ だから，
56+27=83
⑤ 「かける数」が1減ると，答えは「かけら
れる数」だけ減ります。

⑥ ●×▲−●×■=●×(▲−■)
かけられる数が同じ　　かける数の差

2 (1)① 1cm=10mm 　② 1m=100cm
③ 1m=1000mm 　④ 1L=10dL
⑤ 1L=1000mL 　⑥ 1dL=100mL
(2)① もとの大きさを同じ大きさに8つに分け
た1つ分の大きさです。
(3)① 正方形…4つの角が直角で，4つの辺の長
さが同じである四角形。
② 長方形…4つの角が直角である四角形。
③ 直角三角形…直角の角がある三角形。
④ 5本の直線で囲まれた図形です。

3 (5) 50とびに並んでいます。
(6) 80とびに並んでいます。

4 (1) 家から店までの時間は，25+10=35(分)
だから，1時45分−35分=1時10分
(2) 店についてから家に帰るまでの時間は，
2時40分−1時45分=55分
家から店までかかった時間と店にいた時間を
ひいて，55分−25分−20分=10分

5 (1)
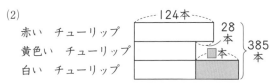

(2)
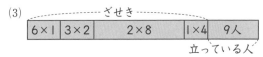

(3)
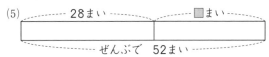

(4)① 千と百の位は同じ大きさで，一の位は左
の数が小さいので，□は6より大きい数で
す。
② 千の位は同じ大きさで，十の位は左の数
の方が大きいので，□は3より小さい数で
す。

(5)

28まい	■まい

ぜんぶで 52まい

しあげのテスト(2)　　【巻末折り込み】

1 (1)① 70　② 160　③ 105　④ 802
　　(2)① 28　② 60　③ 77　④ 493
　　(3)① ア 3　イ 4　ウ 9
　　　　② ア 3　イ 2　ウ 7
　　(4)① 73　② 86

2 (1)① 1, 66　② 10, 1
　　　 ③ 13, 15　④ 2, 22
　　　 ⑤ 1, 7
　　(2)長方形…⑦と ⑨　　正方形…⑦と ⑪
　　(3)① 12こ
　　　 ② 3cm…8本　　5cm…6本　　7cm…6本

3 (1)5320　(2)2053　(3)3052

4 (1)18人　(2)7人　(3)7人

5 (1)青い ボールが 24こ 多い。
　　(2)788, 798, 898
　　(3)16ページ　(4)30こ
　　(5)3dL　(6)午前7時47分

考え方

1 (3) 連続するくり上がりやくり下がりに注意しましょう。
　　(4) 3つの数のうち，どの2つを先にたすと計算が簡単になるかを考えて，( )を使った式に表してから計算しましょう。
　　　 ① 18+32 を先に計算する方が簡単です。
　　　 ② 51+19 を先に計算する方が簡単です。

2 (1)① 3m15cm−1m49cm=2m115cm
　　　　　　　−1m49cm=1m66cm
　　　 ② 6cm7mm+3cm4mm=9cm11mm
　　　　　　=10cm1mm
　　　 ③ 12L386mL+629mL=12L1015mL
　　　　　　=13L15mL
　　　 ④ 1時間=60分　⑤ 1日=24時間
　　(2) それぞれの三角形の直角をはさむ2辺の長さをよく見て，正しい組み合わせを見つけましょう。

長方形　　　　　　　　正方形

3 (1) 千の位に一番大きな数字をおき，百の位から一の位まで大きい順に並べると，5320
　　(2) 千の位に0はおけないので2をおき，百の位から一の位まで小さい順に並べると，2035
　　　　これがいちばん小さい数になるので，2番目は十の位と一の位を入れかえて，2053
　　(3) 千の位が3，百の位が0か2のときを考えます。3052と3205のうち，3100に近いのは，3052です。

4

きんぎょすくいの　けっか(人)

2回目＼1回目	0ひき	1ぴき	2ひき	3ひき	4ひき
0ひき	6	4			
1ぴき		8	2		
2ひき		1	1		
3ひき			1	2	1
4ひき			2	1	1

　　(1) 1回目も2回目も同じ金魚の数だった人のところは，上の表の灰色の部分になります。
　　(2) 1回目より2回目の方が少なかった人のところは，上の表の水色部分になります。
　　(3) 1回目と2回目を合わせて5ひきより多かった人は，上の表で太線で囲まれた部分になります。

5 (2) 700より大きくて1000より小さい数の百の位の数字は7，8，9ですが，百の位の数字は十の位の数字より小さいので，9はあてはまりません。百の位が7のとき十の位は8，9で，百の位が8のとき十の位は9になります。
　　(3)

　　　 式は，9×6=54　70−54=16で，16ページになります。
　　(4)

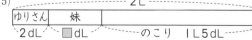

　　(5)

2L
| ゆりさん | 妹 | |
| 2dL | ▢dL | のこり 1L5dL |

　　(6) 25分→12分+13分→午前8時の13分前

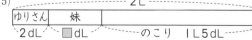

2 1 0 9 8 7 6 5 4 3
＊ ＊ D C B A